Inhaltsübersicht

Geisteswissenschaften

Philosophie

Einführung in die Philosophie von *H. Leisegang* †. 3. Auflage. 145 Seiten. 1957. (*281*)

Hauptprobleme der Philosophie von *G. Simmel* †. 7., unveränderte Auflage. 177 Seiten. 1950. (*500*)

Geschichte der Philosophie

I: Die griechische Philosophie von *W. Capelle*. 1. Teil. Von Thales bis Leukippos. 2., erweiterte Auflage. 135 Seiten. 1953. (*857*)

II: Die griechische Philosophie von *W. Capelle*. 2. Teil. Von der Sophistik bis zum Tode Platons. 2., stark erweiterte Auflage. 144 Seiten. 1953. (*858*)

III: Die griechische Philosophie von *W. Capelle*. 3. Teil. Vom Tode Platons bis zur Alten Stoa. 2., stark erweiterte Auflage. 132 Seiten. 1954. (*859*)

IV: Die griechische Philosophie von *W. Capelle*. 4. Teil. Von der Alten Stoa bis zum Eklektizismus im 1. Jahrh. v. Chr. 2., stark erweiterte Auflage. 132 Seiten. 1954. (*863*)

V: Die Philosophie des Mittelalters von *J. Koch*. In Vorbereitung. (*826*)

VI: Von der Renaissance bis Kant von *K. Schilling*. 234 Seiten. 1954. (*394/394a*)

VII: Immanuel Kant von *G. Lehmann*. In Vorbereitung. (*536*)

VIII: Die Philosophie des 19. Jahrhunderts von *G. Lehmann*. 1. Teil. 151 Seiten. 1953. (*571*)

IX: Die Philosophie des 19. Jahrhunderts von *G. Lehmann*. 2. Teil. 168 Seiten. 1953. (*709*)

X: Die Philosophie im ersten Drittel des 20. Jahrhunderts I von *G. Lehmann*. 128 Seiten. 1957. (*845*)

Die geistige Situation der Zeit (1931) von *K. Jaspers*. 4., unveränderter Abdruck der 1932 bearbeiteten 5. Auflage. 211 Seiten. 1955. (*1000*)

Erkenntnistheorie von *G. Kropp*

I. Teil: Allgemeine Grundlegung. 143 Seiten. 1950. (*807*)

Formale Logik von *P. Lorenzen*. 170 Seiten. 1958. (*1176/1176a*)

Philosophisches Wörterbuch von *M. Apel* †. 5., völlig neubearbeitete Auflage von *P. Ludz*. 315 Seiten. 1958. (*1031/1031a*)

Philosophische Anthropologie. Menschliche Selbstdeutung in Geschichte und Gegenwart von *M. Landmann*. 266 Seiten. 1955. (*156/156a*)

Pädagogik, Psychologie, Soziologie

Geschichte der Pädagogik von *Herm. Weimer*. 13., durchgesehene und vermehrte Auflage von *Heinz Weimer*. 178 Seiten. 1958. (*145*)

Therapeutische Psychologie. Ihr Weg durch die Psychoanalyse von *W. M. Kranefeldt*. Mit einer Einführung von *C. G. Jung*. 3. Auflage. 152 Seiten. 1956. (*1034*)

GEISTESWISSENSCHAFTEN

Allgemeine Psychologie von *Th. Erismann.* 3 Bände.
I: Grundprobleme. 2., neubearbeitete Auflage. 146 Seiten. 1958. (*831*)
II: Grundarten des psychischen Geschehens. In Vorbereitung. (*832/832a*)

Soziologie. Geschichte und Hauptprobleme von *L. von Wiese.* 5. Auflage. 162 Seiten. 1954. (*101*)

Sozialpsychologie von *P. R. Hofstätter.* 181 Seiten, 15 Abbildungen, 22 Tabellen. 1956. (*104/104a*)

Empirische Sozialforschung von *G. K. Specht.* 1958. In Vorbereitung. (*1175*)

Psychologie des Berufs- und Wirtschaftslebens von *W. Moede.* 190 Seiten, 48 Abbildungen. 1958. (*851/851a*)

Industrie- und Betriebssoziologie von *R. Dahrendorf.* 120 Seiten. 1956. (*103*)

Religionswissenschaften

Jesus von *M. Dibelius* †. 2. Auflage. Unveränderter Nachdruck. 141 Seiten. 1949. (*1130*)

Paulus von *M. Dibelius* †. Nach dem Tode des Verfassers herausgegeben und zu Ende geführt von *W. G. Kümmel.* 2., durchgesehene Auflage. 155 Seiten. 1956. (*1160*)

Römische Religionsgeschichte von *F. Altheim.* 2 Bände. 2., umgearbeitete Auflage.
I: Grundlagen und Grundbegriffe. 116 Seiten. 1956. (*1035*)
II: Der geschichtliche Ablauf. 164 Seiten. 1956. (*1052*)

Geschichte Israels. Von den Anfängen bis zur Zerstörung des Tempels (70 n. Chr.) von *E. L. Ehrlich.* 158 Seiten, 1 Tafel. 1958. (*231/231a*)

Musik

Musikästhetik von *H. J. Moser.* 180 Seiten. Mit zahlreichen Notenbeispielen. 1953. (*344*)

Systematische Modulation von *R. Hernried.* 2. Auflage. 136 Seiten. Mit zahlreichen Notenbeispielen. 1950. (*1094*)

Der polyphone Satz von *E. Pepping.* 2 Bände.
I: Der cantus-firmus-Satz. 2. Auflage. 223 Seiten. Mit zahlreichen Notenbeispielen. 1950. (*1148*)
II: Übungen im doppelten Kontrapunkt und im Kanon. 137 Seiten. Mit zahlreichen Notenbeispielen. 1957. (*1164/1164a*)

Allgemeine Musiklehre von *H. J. Moser.* 2., durchgesehene Auflage. 155 Seiten. Mit zahlreichen Notenbeispielen. 1955. (*220/220a*)

Harmonielehre von *H. J. Moser.* 2 Bände.
I: 109 Seiten. Mit 120 Notenbeispielen. 1954. (*809*)

Die Musik des 19. Jahrhunderts von *W. Oehlmann.* 180 Seiten. 1953. (*170*)

Die Musik des 20. Jahrhunderts von *W. Oehlmann.* 1958. In Vorbereitung. (*171/171a*)

Technik der deutschen Gesangskunst von *H. J. Moser.* 3., durchgesehene und verbesserte Auflage. 144 Seiten, 5 Figuren sowie Tabellen und Notenbeispiele. 1954. (*576/576a*)

Die Kunst des Dirigierens von *H. W. von Waltershausen* †. 2., vermehrte Auflage. 138 Seiten. Mit 19 Notenbeispielen. 1954. (*1147*)

Die Technik des Klavierspiels aus dem Geiste des musikalischen Kunstwerkes von *K. Schubert* †. 3. Auflage. 110 Seiten. Mit Notenbeispielen. 1954. (*1045*)

Kunst

Stilkunde von *H. Weigert.* 2 Bände. 3., durchgesehene Auflage.
- I: Vorzeit, Antike, Mittelalter. 136 Seiten, 94 Abbildungen. 1958. (*80*)
- II: Spätmittelalter und Neuzeit. 150 Seiten, 88 Abbildungen. 1958. (*781*)

Archäologie von *A. Rumpf.* 2 Bände.
- I: Einleitung, historischer Überblick. 143 Seiten, 6 Abbildungen, 12 Tafeln 1953. (*538*)
- II: Die Archäologensprache. Die antiken Reproduktionen. 136 Seiten, 7 Abbildungen, 12 Tafeln. 1956. (*539*)

Geschichte

Einführung in die Geschichtswissenschaft von *P. Kirn.* 3., durchgesehene Auflage. 128 Seiten. 1958. (*270*)

Zeitrechnung der römischen Kaiserzeit, des Mittelalters und der Neuzeit für die Jahre 1—2000 n. Chr. von *H. Lietzmann* †. 3. Auflage, durchgesehen von *K. Aland.* 130 Seiten. 1956. (*1085*)

Kultur der Urzeit von *F. Behn.* 3 Bände. 4. Auflage der Kultur der Urzeit Bd. 1—3 von *M. Hoernes.*
- I: Die vormetallischen Kulturen. (Die Steinzeiten Europas. Gleichartige Kulturen in anderen Erdteilen.) 172 Seiten, 48 Abbildungen. 1950. (*564*)
- II: Die älteren Metallkulturen. (Der Beginn der Metallbenutzung. Kupfer- und Bronzezeit in Europa, im Orient und in Amerika.) 160 Seiten, 67 Abbildungen. 1950. (*565*)
- III: Die jüngeren Metallkulturen. (Das Eisen als Kulturmetall, Hallstatt-Latène-Kultur in Europa. Das erste Auftreten des Eisens in den anderen Weltteilen.) 149 Seiten, 60 Abbildungen. 1950. (*566*)

Vorgeschichte Europas von *F. Behn.* Völlig neue Bearbeitung der 7. Auflage der „Urgeschichte der Menschheit" von *M. Hoernes.* 125 Seiten, 47 Abbildungen. 1949. (*42*)

Der Eintritt der Germanen in die Geschichte von *J. Haller.* 3. Auflage, durchgesehen von *H. Dannenbauer.* 120 Seiten, 6 Kartenskizzen. 1957. (*1117*)

Von den Karolingern zu den Staufern. Die altdeutsche Kaiserzeit (900—1250) von *J. Haller* †. 4., durchgesehene Auflage von *H. Dannenbauer.* 142 Seiten, 4 Karten. 1958. (*1065*)

Deutsche Geschichte im Zeitalter der Reformation, der Gegenreformation und des dreißigjährigen Krieges von *F. Hartung.* 129 Seiten. 1951. (*1105*)

Deutsche Geschichte von 1648—1740. Politischer und geistiger Wiederaufbau von *W. Treue.* 120 Seiten. 1956. (*35*)

Deutsche Geschichte von 1713—1806 von *W. Treue.* 168 Seiten. 1957. (*39*)

Deutsche Geschichte von 1807—1871 von *W. Treue.* In Vorbereitung. (*893*)

Deutsche Geschichte von 1871 bis zur Gegenwart von *W. Treue.* In Vorbereitung. *(894)*

Quellenkunde der Deutschen Geschichte im Mittelalter (bis zur Mitte des 15. Jahrhunderts) von *K. Jacob* †. 3 Bände.

I: Einleitung. Allgemeiner Teil. Die Zeit der Karolinger. 6. Auflage. In Vorbereitung. *(279)*

II: Die Kaiserzeit (911—1250). 4. Auflage. 127 Seiten. 1949. *(280)*

III: Das Spätmittelalter (vom Interregnum bis 1500). Herausgegeben von *F. Weden.* 152 Seiten. 1952. *(284)*

Geschichte Englands von *H. Preller.* 2 Bände.

I: bis 1815. 3., stark umgearbeitete Auflage. 135 Seiten, 7 Stammtafeln, 2 Karten. 1952. *(375)*

II: Von 1815 bis 1910. 2., völlig umgearbeitete Auflage. 118 Seiten, 1 Stammtafel, 7 Karten. 1954. *(1088)*

Römische Geschichte von *F. Altheim.* 4 Bände. 2., verbesserte Auflage.

I: Bis zur Schlacht bei Pydna (168 v. Chr.). 124 Seiten. 1956. *(19)*

II: Bis zur Schlacht bei Actium (31 v. Chr.). 129 Seiten. 1956. *(677)*

III: Bis zur Schlacht an der Milvischen Brücke (312 n. Chr.). 148 Seiten. 1958. *(679)*

IV: Bis zur Schlacht am Yarmuk (636 n. Chr.). In Vorbereitung. *(684)*

Geschichte der Vereinigten Staaten von Amerika von *O. Graf zu Stolberg-Wernigerode.* 192 Seiten, 10 Karten. 1956. *(1051/1051a)*

Deutsche Sprache und Literatur

Geschichte der Deutschen Sprache von *H. Sperber.* 3. Auflage, besorgt von *W. Fleischhauer.* 128 Seiten. 1958. *(915)*

Deutsches Rechtschreibungswörterbuch von *M. Gottschald.* 2., verbesserte Auflage. 269 Seiten. 1953. *(200/200a)*

Deutsche Wortkunde. Eine kulturgeschichtliche Betrachtung des deutschen Wortschatzes von *A. Schirmer.* 3., durchgesehene Auflage. 109 Seiten. 1949. *(929)*

Deutsche Sprachlehre von *W. Hofstaetter.* 9., neubearbeitete Auflage von *G. Spree.* 144 Seiten. 1953. *(20)*

Stimmkunde für Beruf, Kunst und Heilzwecke von *H. Bieble.* 111 Seiten. 1955. *(60)*

Redetechnik. Einführung in die Rhetorik von *H. Bieble.* 115 Seiten. 1954. *(61)*

Sprechen und Sprachpflege (Die Kunst des Sprechens) von *H. Feist.* 2., verbesserte Auflage. 99 Seiten, 25 Abbildungen. 1952. *(1122)*

Deutsches Dichten und Denken von der germanischen bis zur staufischen Zeit von *H. Naumann.* (Deutsche Literatur vom 5.—13. Jahrhundert.) 2., verbesserte Auflage. 166 Seiten. 1952. *(1121)*

Deutsches Dichten und Denken vom Mittelalter zur Neuzeit von *G. Müller* (1270 bis 1700). 2., durchgesehene Auflage. 159 Seiten. 1949. *(1086)*

Deutsches Dichten und Denken von der Aufklärung bis zum Realismus (Deutsche Literaturgeschichte von 1700—1890) von *K. Viëtor* †. 3., durchgesehene Auflage. 159 Seiten. 1958. *(1096)*

Der Nibelunge Nôt in Auswahl mit kurzem Wörterbuch von *K. Langosch.* 10., durchgesehene Auflage. 164 Seiten. 1956. (*1*)

Kudrun- und Dietrich-Epen in Auswahl mit Wörterbuch von *O. L. Jiriczek.* 6. Auflage, bearbeitet von *R. Wisniewski.* 173 Seiten. 1957. (*10*)

Wolfram von Eschenbach. Parzival. Eine Auswahl mit Anmerkungen und Wörterbuch von *H. Jantzen.* 2. Auflage, bearbeitet von *H. Kolb.* 128 Seiten. 1957. (*921*)

Hartmann von Aue. Der arme Heinrich nebst einer Auswahl aus der „Klage", dem „Gregorius" und den Criedsu (mit einem Wörtervezeichnis) von *F. Maurer.* 101 Seiten. 1958. (*18*)

Gottfried von Strassburg von *F. Maurer.* 1958. In Vorbereitung. (*22*)

Die deutschen Personennamen von *M. Gottschald.* 2., verbesserte Auflage. 151 Seiten. 1955. (*422*)

Althochdeutsches Elementarbuch. Grammatik und Texte von *H. Naumann* † und *W. Betz.* 2., verbesserte und vermehrte Auflage. 156 Seiten. 1954. (*1111*)

Mittelhochdeutsche Grammatik von *H. de Boor* und *R. Wisniewski.* 141 Seiten. 1956. (*1108*)

Indogermanisch, Germanisch

Indogermanische Sprachwissenschaft von *H. Krahe.* 2 Bände. 3., neubearbeitete Aufl.
I: Einleitung und Lautlehre. 106 Seiten. 1958. (*59*)
II: Formenlehre. In Vorbereitung. (*64*)

Gotisches Elementarbuch. Grammatik, Texte mit Übersetzung und Erläuterungen mit einer Einleitung von *H. Hempel.* 2., umgearbeitete Aufl. 165 Seiten. 1953. (*79*)

Germanische Sprachwissenschaft von *H. Krahe.* 2 Bände. 3., neubearbeitete Auflage.
I: Einleitung und Lautlehre. 147 Seiten. 1956. (*238*)
II: Formenlehre. 149 Seiten. 1957. (*780*)

Altnordisches Elementarbuch. Schrift, Sprache, Texte mit Übersetzung und Wörterbuch von *F. Ranke.* 2., durchgesehene Auflage. 146 Seiten. 1949. (*1115*)

Englisch, Romanisch

Altenglisches Elementarbuch von *M. Lehnert.* Einführung, Grammatik, Texte mit Übersetzung und Wörterbuch. 3., verbesserte Auflage. 178 Seiten. 1955. (*1125*)

Historische neuenglische Laut- und Formenlehre von *E. Ekwall.* 3., durchgesehene Auflage. 150 Seiten. 1956. (*735*)

Englische Phonetik von *H. Mutschmann* †. 117 Seiten. 1956. (*601*)

Englische Literaturgeschichte. 4 Bände.
I: Die alt- und mittelenglische Periode von *F. Schubel.* 163 Seiten. 1954. (*1114*)
II: Von der Renaissance bis zur Aufklärung von *F. Schubel.* 160 Seiten. 1956. (*1116*)
III: Romantik und Viktorianismus von *P. Meißner* †. Durchgesehener Neudruck. 150 Seiten. 1944. (*1124*)
IV: Das 20. Jahrhundert von *P. Meißner* †. Durchgesehener Neudruck. 157 Seiten. 1944. (*1136*)

Beowulf von *M. Lehnert.* Eine Auswahl mit Einführung, teilweiser Übersetzung, Anmerkungen und etymologischem Wörterbuch. 2., verbesserte Auflage. 135 Seiten. 1949. (*1135*)

Shakespeare von *P. Meißner* †. 2. Auflage, neubearbeitet von *M. Lehnert.* 136 Seiten. 1954. (*1142*)

Italienische Literaturgeschichte von *K. Voßler* †. Unveränderter Nachdruck der 1927 erschienenen 4., durchgesehenen und verbesserten Auflage. 148 Seiten. 1948. (*125*)

Romanische Sprachwissenschaft von *H. Lausberg.* 2 Bände.
I: Einleitung und Vokalismus. 160 Seiten. 1956. (*128/128a*)
II: Konsonantismus. 95 Seiten. 1956. (*250*)

Griechisch, Lateinisch

Griechische Sprachwissenschaft von *W. Brandenstein.* 2 Bände.
I: Einleitung, Lautsystem, Etymologie. 160 Seiten. 1954. (*117*)
II: Wortbildung und Formenlehre. 192 Seiten. 1958. (*118/118a*)

Geschichte der griechischen Sprache. 2 Bände.
I: Bis zum Ausgang der klassischen Zeit von *O. Hoffmann* †. 3. Auflage bearbeitet von *A. Debrunner* †. 156 Seiten. 1953. (*111*)
II: Grundfragen und Grundzüge des nachklassischen Griechisch von *A. Debrunner* †. 144 Seiten. 1954. (*114*)

Geschichte der lateinischen Sprache von *F. Stolz* †. 3., stark umgearbeitete Auflage von *A. Debrunner* †. 136 Seiten. 1953. (*492*)

Hebräisch, Sanskrit, Russisch

Hebräische Grammatik von *G. Beer* †. 2 Bände. 2., völlig neubearbeitete Auflage von *R. Meyer.*
I: Schrift-, Laut- und Formenlehre I. 157 Seiten. 1952. (*763/763a*)
II: Formenlehre II. Syntax und Flexionstabellen. 195 Seiten. 1955. (*764/764a*)

Hebräisches Textbuch von *R. Meyer.* In Vorbereitung. (*769/769a*)

Sanskrit-Grammatik von *M. Mayrhofer.* 89 Seiten. 1953. (*1158*)

Russische Grammatik von *E. Berneker.* 6., unveränderte Auflage von *M. Vasmer.* 155 Seiten. 1947. (*66*)

Erd- und Länderkunde

Afrika von *F. Jaeger.* Ein geographischer Überblick. 2 Bände. 2., umgearbeitete Auflage.
I: Der Lebensraum. 179 Seiten, 18 Abbildungen. 1954. (*910*)
II: Mensch und Kultur. 155 Seiten, 6 Abbildungen. 1954. (*911*)

Australien und Ozeanien von *H. J. Krug.* 176 Seiten, 46 Skizzen. 1953. (*319*)

Kartenkunde von *M. Eckert-Greifendorff* †, durchgesehen von *W. Kleffner.* 4. Auflage. 1958. In Vorbereitung. (*30*)

Volkswirtschaft, Publizistik

Allgemeine Betriebswirtschaftslehre von *K. Mellerowicz*. 3 Bände.
I: 10., durchgesehene und ergänzte Auflage. 224 Seiten. 1958. *(1008a)*
II: 10., durchgesehene und ergänzte Auflage. 1958. In Vorbereitung. *(1153)*
III: 9., unveränderte Auflage. 143 Seiten. 1956. *(1154)*

Allgemeine Volkswirtschaftslehre von *A. Paulsen*. 4 Bände.
I: Grundlegung, Wirtschaftskreislauf. 2., durchgesehene und ergänzte Auflage. 141 Seiten. 1958. *(1169)*
II: Haushalte, Unternehmungen, Marktformen. 2., durchgesehene und ergänzte Auflage. 164 Seiten, 32 Abbildungen. 1958. *(1170)*
III: Produktionsfaktoren, Geldwesen. In Vorbereitung. *(1171)*
IV: Konjunktur, Außenhandel, staatliche Aktivität. In Vorbereitung. *(1172)*

Finanzwissenschaft von *H. Kolms*. 4 Bände.
I: Grundlegung. Öffentliche Ausgaben. 1958. In Vorbereitung. *(148)*
II: Erwerbseinkünfte, Gebühren und Beiträge; Allgemeine Steuerlehre. 1958. In Vorbereitung. *(391)*
III: Besondere Steuerlegung. In Vorbereitung. *(776)*
IV: Öffentlicher Kredit. Haushaltswesen. Finanzausgleich. In Vorbereitung. *(782)*

Zeitungslehre von *E. Dovifat*. 2 Bände. 3., neubearbeitete Auflage.
I: Theoretische und rechtliche Grundlagen — Nachricht und Meinung — Sprache und Form. 148 Seiten. 1955. *(1039)*
II: Redaktion — Die Sparten: Verlag und Vertrieb, Wirtschaft und Technik, Sicherung der öffentlichen Aufgabe. 158 Seiten. 1955. *(1040)*

Naturwissenschaften

Mathematik

Geschichte der Mathematik von J. E. Hofmann. 3 Bände.
I: Von den Anfängen bis zum Auftreten von Fermat und Descartes. 200 Seiten. 1953. *(226)*
II: Von Fermat und Descartes bis zur Erfindung des Calculus und bis zum Ausbau der neuen Methoden. 109 Seiten. 1957. *(875)*
III: Von den Auseinandersetzungen um den Calculus bis zur französischen Revolution. 107 Seiten. 1957. *(882)*

Mathematische Formelsammlung von *F. Ringleb*. Vollständig umgearbeitete Neuausgabe des Werkes von *O. Th. Bürklen*. 6., erweiterte Auflage. 278 Seiten, 37 Fig. 1956. *(51/51a)*

Fünfstellige Logarithmen von *A. Adler*. Mit mehreren graphischen Rechentafeln und häufig vorkommenden Zahlwerten. 2. Auflage. Neudruck. 127 Seiten, 1 Tafel. 1949. *(423)*

Arithmetik von *P. B. Fischer* †. 3. Auflage von *H. Rohrbach*. 152 Seiten, 19 Abbildungen. 1958. *(47)*

NATURWISSENSCHAFTEN

Höhere Algebra von *H. Hasse*. 2 Bände. 4., durchgesehene Auflage.
- I: Lineare Gleichungen. 152 Seiten. 1957. (*931*)
- II: Gleichungen höheren Grades. 158 Seiten, 5 Figuren. 1958. (*932*)

Aufgabensammlung zur höheren Algebra von *H. Hasse* und *W. Klobe*. 2., verbesserte und vermehrte Auflage. 181 Seiten. 1952. (*1082*)

Elementare und klassische Algebra vom modernen Standpunkt von *W. Krull* 2 Bände. 2., erweiterte Auflage.
- I: 136 Seiten. 1952. (*930*)
- II: 1958. In Vorbereitung. (*933*)

Einführung in die Zahlentheorie von *A. Scholz* †. Überarbeitet und herausgegeben von *B. Schoeneberg*. 2. Auflage. 128 Seiten. 1955. (*1131*)

Formale Logik von *P. Lorenzen*. 165 Seiten. 1958. (*1176/1176a*)

Elemente der Funktionentheorie von *K. Knopp* †. 4. Auflage. 144 Seiten, 23 Figuren. 1955. (*1109*)

Funktionentheorie von *K. Knopp* †. 2 Bände.
- I: Grundlagen der allgemeinen Theorie der analytischen Funktionen. 9., neubearbeitete Auflage. 144 Seiten, 8 Figuren. 1957. (*668*)
- II: Anwendungen und Weiterführung der allgemeinen Theorie. 8./9. Auflage. 130 Seiten, 7 Figuren. 1955. (*703*)

Aufgabensammlung zur Funktionentheorie von *K. Knopp* †. 2 Bände.
- I: Aufgaben zur elementaren Funktionentheorie. 5. Auflage. 135 Seiten. 1957. (*877*)
- II: Aufgaben zur höheren Funktionentheorie. 4. Auflage. 144 Seiten. 1949. (*878*)

Gewöhnliche Differentialgleichungen von *G. Hobeisel*. 5., durchgesehene Auflage. 129 Seiten. 1956. (*920*)

Partielle Differentialgleichungen von *G. Hobeisel*. 3., neubearbeitete Auflage. 130 Seiten. 1953. (*1073*)

Aufgabensammlung zu den gewöhnlichen und partiellen Differentialgleichungen von *G. Hobeisel*. 3., durchgesehene und verbesserte Auflage. 124 Seiten. 1958. (*1059*)

Integralgleichungen von *G. Hobeisel*. 2., durchgesehene Auflage. 1958. In Vorbereitg. (*1099*)

Mengenlehre von *E. Kamke*. 3., neubearbeitete Auflage. 194 Seiten, 6 Figuren. 1955. (*999/999a*)

Gruppentheorie von *L. Baumgartner*. 3., neubearbeitete Auflage. 110 Seiten, 3 Tafeln. 1958. (*837*)

Ebene und sphärische Trigonometrie von *G. Hessenberg*. 5. Auflage, durchgesehen von *H. Kneser*. 172 Seiten, 60 Figuren. 1957. (*99*)

Darstellende Geometrie von *W. Haack*. 3 Bände.
- I: Die wichtigsten Darstellungsmethoden. Grund- und Aufriß ebenflächiger Körper. 2., durchgesehene und ergänzte Auflage. 113 Seiten, 120 Abbildungen. 1958. (*142*)
- II: Körper mit krummen Begrenzungsflächen. Kotierte Projektionen. 129 Seiten, 86 Abbildungen. 1954. (*143*)
- III: Axonometrie und Perspektive. 127 Seiten, 100 Abbildungen. 1957. (*144*)

Analytische Geometrie von *K. P. Grotemeyer*. 202 Seiten, 73 Abbildungen. 1958. (*65/65a*)

Sammlung von Aufgaben und Beispielen zur analytischen Geometrie der Ebene mit den vollständigen Lösungen von *R. Haussner* †. 139 Seiten, 22 Figuren. Neudruck. 1949. (*256*)

Nichteuklidische Geometrie. Hyperbolische Geometrie der Ebene von *R. Baldus* †. Durchgesehen und herausgegeben von *F. Löbell.* 3., verbesserte Auflage. 140 Seiten, 70 Figuren. 1953. (*970*)

Differentialgeometrie von *K. Strubecker* (früher *Rothe*). 3 Bände.
- I: Kurventheorie der Ebene und des Raumes. 150 Seiten, 18 Figuren. 1955. (*1113/1113a*)
- II: Theorie der Flächenmetrik. 195 Seiten, 14 Figuren. 1958. (*1179/1179a*)
- III: Theorie der Flächenkrümmung. 254 Seiten, 38 Figuren. 1958. (*1180/1180a*)

Einführung in die konforme Abbildung von *L. Bieberbach.* 5., erweiterte Auflage. 180 Seiten, 42 Figuren. 1956. (*768/768a*)

Vektoren und Matrizen von *S. Valentiner.* 8., erweiterte Auflage der „Vektoranalysis". Mit Anhang: Aufgaben zur Vektorrechnung von *H. König.* 202 Seiten, 35 Figuren. 1958. (*354/354a*)

Vermessungskunde von *P. Werkmeister.* 3 Bände.
- I: Stückvermessung und Nivellieren. 10., völlig neubearbeitete Auflage von *W. Großmann.* 143 Seiten, 117 Figuren. 1958. (*468*)
- II: Messung von Horizontalwinkeln. Festlegung von Punkten im Koordinatensystem. Absteckungen. 7. Auflage. 151 Seiten, 93 Figuren. 1949. (*469*)
- III: Trigonometrische und barometrische Höhenmessung. Tachymetrie und Topographie. 6. Auflage. 147 Seiten, 64 Figuren. 1949. (*862*)

Versicherungsmathematik von *F. Böhm.* 2 Bände.
- I: Elemente der Versicherungsrechnung. 3., vermehrte und verbesserte Auflage. Durchgesehener Neudruck. 151 Seiten. 1953. (*180*)
- II: Lebensversicherungsmathematik. Einführung in die technischen Grundlagen der Sozialversicherung. 2., verbesserte und vermehrte Auflage. 205 Seiten. 1953. (*917/917a*)

Finanzmathematik von *M. Nicolas.* 1958. In Vorbereitung. (*1183*)

Physik

Einführung in die theoretische Physik von *W. Döring.* 5 Bände.
- I: Mechanik. 119 Seiten, 29 Abbildungen. 1954. (*76*)
- II: Das elektromagnetische Feld. 122 Seiten, 15 Abbildungen. 1955. (*77*)
- III: Optik. 117 Seiten, 32 Abbildungen. 1956. (*78*)
- IV: Thermodynamik. 107 Seiten, 9 Abbildungen. 1956. (*374*)
- V: Statistische Mechanik. 114 Seiten, 12 Abbildungen. 1957. (*1017*)

Atomphysik von *K. Bechert* und *Ch. Gerthsen* †. 7 Bände.
- I: Allgemeine Grundlagen. 1. Teil. 4. Auflage. In Vorbereitung. (*1009*)
- II: Allgemeine Grundlagen. 2. Teil. 3., umgearbeitete Auflage. 112 Seiten, 48 Abbildungen. 1955. (*1033*)
- III: Theorie des Atombaus. 1. Teil. 3., umgearbeitete Auflage. 148 Seiten, 16 Abbildungen. 1954. (*1123/1123a*)
- IV: Theorie des Atombaus. 2. Teil. 3., umgearbeitete Auflage. 170 Seiten, 14 Abbildungen. 1954. (*1165/1165a*)

Differentialgleichungen der Physik von *F. Sauter*. 3., durchgesehene und ergänzte Auflage. 148 Seiten, 16 Figuren. 1958. (*1070*)

Physikalische Formelsammlung von *G. Mahler* †. Neubearbeitet von *K. Mahler*. 9., durchgesehene Auflage. 153 Seiten, 69 Figuren. 1955. (*136*)

Physikalische Aufgabensammlung von *G. Mahler* †. Neubearbeitet von *K. Mahler*. Mit den Ergebnissen. 9., durchgesehene Auflage. 127 Seiten. 1957. (*243*)

Chemie

Geschichte der Chemie in kurzgefaßter Darstellung von *G. Lockemann*. 2 Bände.
I: Vom Altertum bis zur Entdeckung des Sauerstoffs. 142 Seiten, 8 Bildnisse. 1950. (*264*)
II: Von der Entdeckung des Sauerstoffs bis zur Gegenwart. 151 Seiten, 16 Bildnisse. 1955. (*265/265a*)

Anorganische Chemie von *W. Klemm*. 10., überarbeitete und ergänzte Auflage. 185 Seiten, 18 Abbildungen. 1958. (*37*)

Organische Chemie von *W. Schlenk*. 7., erweiterte Auflage. 269 Seiten, 16 Abbildungen. 1957. (*38/38a*)

Physikalische Methoden der Organischen Chemie von *G. Kresze*. 1958. In Vorbereitung. (*44*)

Allgemeine und physikalische Chemie von *W. Schulze*. 2 Bände. 4., neubearb. Aufl.
I: 139 Seiten, 10 Figuren. 1955. (*71*)
II: 176 Seiten, 37 Figuren. 1956. (*698/698a*)

Molekülbau. Theoretische Grundlagen und Methoden der Strukturermittlung von *W. Schulze*. 123 Seiten, 43 Figuren. 1958. (*786*)

Physikalisch-chemische Rechenaufgaben von *E. Asmus*. 3., verbesserte Auflage. 96 Seiten. 1958. (*445*)

Analytische Chemie von *J. Hoppe*. 2 Bände. 5., verbesserte Auflage.
I: Reaktionen. 135 Seiten. 1950. (*247*)
II: Gang der qualitativen Analyse. 166 Seiten. 1950. (*248*)

Maßanalyse. Theorie und Praxis der klassischen und der elektrochemischen Titrierverfahren von *G. Jander* und *K. F. Jahr*. 7., ergänzte Auflage. 303 Seiten, 50 Figuren. 1956. (*221/221a*)

Thermochemie von *W. A. Roth*. 2., verbesserte Auflage. 109 Seiten, 16 Figuren. 1952. (*1057*)

Stöchiometrische Aufgabensammlung von *W. Bahrdt* † und *R. Scheer*. Mit den Ergebnissen. 6., durchgesehene Auflage. 118 Seiten. 1957. (*452*)

Elektrochemie und ihre physikalisch-chemischen Grundlagen von *A. Daßler*. 2 Bände.
I: 149 Seiten, 21 Abbildungen. 1950. (*252*)
II: 178 Seiten, 17 Abbildungen. 1950. (*253*)

Technologie

Warenkunde von *K. Hassak* † und *E. Beutel* †. 2 Bände.
I: Anorganische Waren sowie Kohle und Erdöl. 8. Auflage. Neubearbeitet von *A. Kutzelnigg.* 119 Seiten, 18 Figuren. 1958. (*222*)
II: Organische Waren. 7. Auflage. Neubearbeitet von *A. Kutzelnigg.* 143 Seiten, 32 Figuren. 1949. (*223*)

Die Fette und Öle von *K. Braun* †. 5., völlig neubearbeitete und verbesserte Auflage von *Th. Klug.* 145 Seiten. 1950. (*335*)

Die Seifenfabrikation von *K. Braun* †. 3., neubearbeitete und verbesserte Auflage von *Th. Klug.* 116 Seiten, 18 Abbildungen. 1953. (*336*)

Textilindustrie von *A. Blümcke.*
I: Spinnerei und Zwirnerei. 111 Seiten, 43 Abbildungen. 1954. (*184*)

Biologie

Einführung in die allgemeine Biologie und ihre philosophischen Grund- und Grenzfragen von *M. Hartmann.* 132 Seiten, 2 Abbildungen. 1956. (*96*)

Hormone von *G. Koller.* 2., neubearbeitete und erweiterte Auflage. 187 Seiten, 60 Abbildungen, 19 Tabellen. 1949. (*1141*)

Fortpflanzung im Tier- und Pflanzenreich von *J. Hämmerling.* 2., ergänzte Auflage. 135 Seiten, 101 Abbildungen. 1951. (*1138*)

Geschlecht und Geschlechtsbestimmung im Tier- und Pflanzenreich von *M. Hartmann.* 2., verbesserte Auflage. 116 Seiten, 61 Abbildungen, 7 Tabellen. 1951. (*1127*)

Symbiose der Tiere mit pflanzlichen Mikroorganismen von *P. Buchner.* 2., verbesserte und vermehrte Auflage. 130 Seiten, 121 Abbildungen. 1949. (*1128*)

Botanik

Entwicklungsgeschichte des Pflanzenreiches von *H. Heil.* 2. Auflage. 138 Seiten, 94 Abbildungen, 1 Tabelle. 1950. (*1137*)

Morphologie der Pflanzen von *L. Geitler.* 3., umgearbeitete Auflage. 126 Seiten, 114 Abbildungen. 1953. (*141*)

Pflanzengeographie von *L. Diels* †. 5., völlig neubearbeitete Auflage von *F. Mattick.* 195 Seiten, 2 Karten. 1958. (*389/389a*)

Die Laubhölzer. Kurzgefaßte Beschreibung der in Mitteleuropa gedeihenden Laubbäume und Sträucher von *F. W. Neger* † und *E. Münch* †. 3., durchgesehene Auflage, herausgegeben von *B. Huber.* 143 Seiten, 63 Figuren, 7 Tabellen. 1950. (*718*)

Die Nadelhölzer (Koniferen) und übrigen Gymnospermen von *F. W. Neger* † und *E. Münch* †. 4. Auflage, durchgesehen und ergänzt von *B. Huber.* 140 Seiten, 75 Figuren, 4 Tabellen, 3 Karten. 1952. (*355*)

Pflanzenzüchtung von *H. Kuckuck.* 2 Bände.
I: Grundzüge der Pflanzenzüchtung. 3., völlig umgearbeitete und erweiterte Auflage. 132 Seiten, 22 Abbildungen. 1952. (*1134*)
II: Spezielle gartenbauliche Pflanzenzüchtung (Züchtung von Gemüse, Obst und Blumen). 178 Seiten, 27 Abbildungen. 1957. (*1178/1178a*)

Zoologie

Entwicklungsphysiologie der Tiere von *F. Seidel.* 2 Bände.
I: Ei und Furchung. 126 Seiten, 29 Abbildungen. 1953. *(1162)*
II: Körpergrundgestalt und Organbildung. 159 Seiten, 42 Abbildungen. 1953. *(1163)*

Das Tierreich
I: Einzeller, Protozoen von *E. Reichenow.* 115 Seiten, 59 Abbildungen. 1956. *(444)*
II: Schwämme und Hohltiere von *H. J. Hannemann.* 95 Seiten, 80 Abbildungen. 1956. *(442)*
III: Würmer. Platt-, Hohl-, Schnurwürmer, Kamptozoen, Ringelwürmer, Protracheaten, Bärtierchen, Zungenwürmer von *S. Jaeckel.* 114 Seiten, 36 Abbildungen. 1955. *(439)*
IV,1: Krebse von *H. E. Gruner* und *K. Deckert.* 114 Seiten, 43 Abbildungen. 1956. *(443)*
IV,2: Spinnentiere (Trilobitomorphen, Fühlerlose) und Tausendfüßler von *A. Kaestner.* 96 Seiten, 55 Abbildungen. 1955. *(1161)*
IV,3: Insekten von *H. von Lengerken.* 128 Seiten, 58 Abbildungen. 1953. *(594)*
V: Weichtiere. Urmollusken, Schnecken, Muscheln und Kopffüßer von *S. Jaeckel.* 92 Seiten, 34 Abbildungen. 1954. *(440)*
VI: Stachelhäuter. Tentakulaten, Binnenatmer und Pfeilwürmer von *S. Jaeckel.* 100 Seiten, 46 Abbildungen. 1955. *(441)*
VII,2: Fische von *D. Lüdemann.* 130 Seiten, 65 Abbildungen. 1955. *(356)*
VII,3: Lurche (Chordatiere) von *K. Herter.* 143 Seiten, 129 Abbildungen. 1955. *(847)*
VII,4: Kriechtiere (Chordatiere) von *K. Herter.* In Vorbereitung. *(447)*
VII,5: Vögel (Chordatiere) von *G. Diesselhorst.* In Vorbereitung. *(869)*
VII,6: Säugetiere (Chordatiere) von *Th. Haltenorth.* In Vorbereitung. *(282)*

Vergleichende Physiologie der Tiere von *K. Herter.* 2 Bände.
I: Stoff- und Energiewechsel. 4. Auflage. In Vorbereitung. *(972)*
II: Bewegung und Reizerscheinungen. 3. Auflage. 148 Seiten, 110 Abbildgn. 1950. *(973)*

Land- und Forstwirtschaft

Landwirtschaftliche Tierzucht. Die Züchtung und Haltung der landwirtschaftlichen Nutztiere von *H. Vogel.* 139 Seiten, 11 Abbildungen. 1952. *(228)*

Kulturtechnische Bodenverbesserungen von *O. Fauser.* 2 Bände. 4., neubearbeitete Auflage.
I: Allgemeines, Entwässerung. 122 Seiten, 47 Abbildungen. 1947. *(691)*
II: Bewässerung, Ödlandkultur, Umlegung. 150 Seiten, 67 Abbildungen. 1948. *(692)*

Agrikulturchemie von *K. Scharrer.* 2 Bände.
I: Pflanzenernährung. 143 Seiten. 1953. *(329)*
II: Futtermittelkunde. 192 Seiten. 1956. *(330/330a)*

Geologie, Mineralogie, Kristallographie

Geologie von *F. Lotze*. 176 Seiten, 80 Abbildungen. 1955. (*13*)

Mineral- und Erzlagerstättenkunde von *H. Huttenlocher* †. 2 Bände.
I: 128 Seiten, 34 Abbildungen. 1954. (*1014*)
II: 156 Seiten, 48 Abbildungen. 1954. (*1015/1015a*)

Allgemeine Mineralogie. 10., erweiterte Auflage der „Mineralogie" von *R. Brauns* †, bearbeitet von *K. F. Chudoba*. 120 Seiten, 120 Figuren, 1 Tafel, 3 Tabellen. 1958. (*29*)

Spezielle Mineralogie. 9., erweiterte Auflage der „Mineralogie" von *R. Brauns* †, bearbeitet von *K. F. Chudoba*. 133 Seiten, 105 Figuren. 1955. (*31*)

Petrographie (Gesteinskunde) von *W. Bruhns* †. Neubearbeitet von *P. Ramdohr*. 4., durchgesehene Auflage. 104 Seiten, 10 Figuren. 1955. (*173*)

Kristallographie von *W. Bruhns* †. 5. Auflage, neubearbeitet von *P. Ramdohr*. 109 Seiten, 164 Abbildungen. 1958. (*210*)

Einführung in die Kristalloptik von *E. Buchwald*. 4., verbesserte Auflage. 138 Seiten, 121 Figuren. 1952. (*619*)

Lötrohrprobierkunde. Mineraldiagnose mit Lötrohr- und Tüpfelreaktion. Von *M. Henglein*. 3., verbesserte Auflage. 91 Seiten, 11 Figuren. 1949. (*483*)

Technik

Graphische Darstellung in Wissenschaft und Technik von *M. Pirani*. 3., erweiterte Auflage bearbeitet von *J. Fischer* unter Benutzung der von *I. Runge* besorgten 2. Auflage. 216 Seiten, 104 Abbildungen. 1957. (*728/728a*)

Elektrotechnik

Grundlagen der allgemeinen Elektrotechnik von *O. Mohr*. 3 Bände.
I: Die drei Feldformen. 96 Seiten, 41 Abbildungen, 6 Tafeln. 1956. (*196*)
II: Die wichtigsten elektrischen und physikalischen Grunderscheinungen. 95 Seiten, 36 Abbildungen, 7 Tafeln. 1956. (*197*)
III: Schaltvorgänge, Widerstandsformen, Meßtechnik. 91 Seiten, 59 Abbildungen, 1 Tafel. 1956. (*198*)

Die Gleichstrommaschine von *K. Humburg*. 2 Bände. 2., durchgesehene Auflage.
I: 102 Seiten, 59 Abbildungen. 1956. (*257*)
II: 101 Seiten, 38 Abbildungen. 1956. (*881*)

Die synchrone Maschine von *K. Humburg*. Neudruck. 109 Seiten, 78 Abbildungen. 1951. (*1146*)

Induktionsmaschinen von *F. Unger*. 2., erweiterte Auflage. 142 Seiten, 49 Abbildungen. 1954. (*1140*)

Die komplexe Berechnung von Wechselstromschaltungen von *H. H. Meinke*. 2. Auflage. 180 Seiten, 120 Abbildungen. 1957. (*1156/1156a*)

Theoretische Grundlagen zur Berechnung der Schaltgeräte von *F. Kesselring*. 3. Auflage. 144 Seiten, 92 Abbildungen. 1950. (*711*)

Einführung in die Technik selbsttätiger Regelungen von *W. zur Megede.* 176 Seiten, 86 Abbildungen. 1956. (*714/714a*)

Elektromotorische Antriebe (Grundlagen für die Berechnung) von *A. Schwaiger.* 3., neubearbeitete Auflage. 96 Seiten, 34 Abbildungen. 1952. (*827*)

Technische Tabellen und Formeln von *W. Müller.* 4., verbesserte und erweiterte Auflage von *E. Schulze.* 152 Seiten, 105 Figuren. 1951. (*579*)

Überspannungen und Überspannungsschutz von *G. Frühauf.* Durchgesehener Neudruck. 122 Seiten, 98 Abbildungen. 1950. (*1132*)

Maschinenbau

Metallkunde von *H. Borchers.* 2 Bände. 3. Auflage.
I: Aufbau der Metalle und Legierungen. 120 Seiten, 90 Abbildungen, 2 Tabellen. 1956. (*432*)
II: Eigenschaften, Grundzüge der Form- und Zustandsgebung. 1958. In Vorbereitung. (*433*)

Die Werkstoffe des Maschinenbaues von *A. Thum* † und *C. M. v. Meysenbug.* 2 Bände.
I: Einführung in die Werkstoffprüfung 2., neubearbeitete Auflage. 100 Seiten, 7 Tabellen, 56 Abbildungen. 1956. (*476*)
II: Die Konstruktionswerkstoffe von *C. M. von Meysenbug.* Mit 40 Abbildungen. 1958. In Vorbereitung. (*936*)

Dynamik von *W. Müller.* 2 Bände. 2., verbesserte Auflage.
I: Dynamik des Einzelkörpers. 128 Seiten, 48 Figuren. 1952. (*902*)
II: Systeme von starren Körpern. 102 Seiten, 41 Figuren. 1952. (*903*)

Technische Schwingungslehre von *L. Zipperer.* 2 Bände. 2., neubearbeitete Auflage.
I: Allgemeine Schwingungsgleichungen, einfache Schwinger. 120 Seiten, 101 Abbildungen. 1953. (*953*)
II: Torsionsschwingungen in Maschinenanlagen. 102 Seiten, 59 Abbildungen. 1955. (*961/961a*)

Werkzeugmaschinen für Metallbearbeitung von *K. P. Matthes.* 2 Bände.
I: 100 Seiten, 27 Abbildungen, 11 Zahlentafeln, 1 Tafelanhang. 1954. (*561*)
II: Fertigungstechnische Grundlagen der neuzeitlichen Metallbearbeitung. 101 Seiten, 30 Abbildungen, 5 Tafeln. 1955. (*562*)

Transformatoren von *W. Schäfer.* 3., überarbeitete und ergänzte Auflage. 130 Seiten, 73 Abbildungen. 1957. (*952*)

Das Maschinenzeichnen mit Einführung in das Konstruieren von *W. Tochtermann.* 2 Bände. 4. Auflage.
I: Das Maschinenzeichnen. 156 Seiten, 75 Tafeln. 1950. (*589*)
II: Ausgeführte Konstruktionsbeispiele. 130 Seiten, 58 Tafeln. 1950. (*590*)

Die Maschinenelemente von *E. A. vom Ende.* 3., verbesserte Auflage. 166 Seiten, 175 Figuren, 9 Tafeln. 1956. (*3/3a*)

Die Maschinen der Eisenhüttenwerke von *L. Engel.* 156 Seiten, 95 Abbildungen. 1957. (*583/583a*)

Walzwerke von *H. Sedlaczek* unter Mitarbeit von *F. Fischer* und *M. Buch.* 232 Seiten, 157 Abbildungen. 1958. (*580/580a*)

Getriebelehre von *P. Grodzinski* †. 2 Bände. 2., neubearbeitete Auflage.
I: Geometrische Grundlagen. 159 Seiten, 142 Figuren. 1953. (*1061*)

Gießereitechnik von *H. Jungbluth*. 2 Bände.
I: Eisengießerei. 126 Seiten, 44 Abbildungen. 1951. (*1159*)

Die Dampfkessel und Feuerungen einschließlich Hilfseinrichtungen in Theorie, Konstruktion und Berechnung von *W. Marcard* †. 2 Bände. 2. Auflage, neubearbeitet von *K. Beck*.
I: Die theoretischen Grundlagen, Wärme, Verbrennung, Wärmeübertragung. 150 Seiten, 42 Abbildungen, 16 Tabellen. 1951. (*9*)
II: Dampfkessel. 147 Seiten, 43 Abbildungen. 1952. (*521*)

Die Dampfturbinen. Ihre Wirkungsweise, Berechnung und Konstruktion von *C. Zietemann*. 3 Bände. 3., verbesserte Auflage.
I: Theorie der Dampfturbinen. 139 Seiten, 48 Abbildungen. 1955. (*274*)
II: Die Berechnung der Dampfturbinen und die Konstruktion der Einzelteile. 132 Seiten, 111 Abbildungen. 1956. (*715*)
III: Die Regelung der Dampfturbinen, die Bauarten, Turbinen für Sonderzwecke, Kondensationsanlagen. 126 Seiten, 90 Abbildungen. 1956. (*716*)

Verbrennungsmotoren von *W. Endres*. 3 Bände.
I: Überblick. Motor-Brennstoffe. Verbrennung im Motor allgemein, im Otto- und Diesel-Motor. 153 Seiten, 57 Abbildungen. 1958. (*1076/1076a*)
II: Die heutigen Typen der Verbrennungskraftmaschinen. In Vorbereitung. (*1184*)
III: Die Einzelteile des Verbrennungsmotors. In Vorbereitung. (*1185*)

Technische Thermodynamik von *W. Nußelt* †. 2 Bände.
I: Grundlagen. 4., verbesserte Auflage. 144 Seiten, 71 Abbildungen. 1956. (*1084*)
II: Theorie der Wärmekraftmaschinen. Neudruck. 144 Seiten, 87 Abbildungen, 32 Zahlentafeln. 1951. (*1151*)

Autogenes Schweißen und Schneiden von *H. Niese*. 5. Auflage, neubearbeitet von *A. Küchler*. 136 Seiten, 71 Figuren. 1953. (*499*)

Die elektrischen Schweißverfahren von *H. Niese*. 2. Auflage, neubearbeitet von *H. Dienst*. 136 Seiten, 58 Abbildungen. 1955. (*1020*)

Die Hebezeuge. Entwurf von Winden und Kranen von *G. Tafel*. 2., verbesserte Auflage 176 Seiten, 230 Figuren. 1954. (*414/414a*)

Wasserbau

Wasserkraftanlagen von *A. Ludin* unter Mitarbeit von *W. Borkenstein*. 2 Bände.
I: Planung, Grundlagen und Grundzüge. 124 Seiten, 60 Abbildungen. 1955. (*665*)
II: Anordnung und Ausbildung der Hauptbauwerke. 184 Seiten, 91 Abbildungen. 1958. (*666/666a*)

Verkehrswasserbau von *H. Dehnert*. 3 Bände.
I: Entwurfsgrundlagen, Flußregelungen. 103 Seiten, 52 Abbildungen. 1950. (*585*)
II: Flußkanalisierung und Schiffahrtskanäle. 94 Seiten, 60 Abbildungen. 1950. (*597*)
III: Schleusen und Hebewerke. 98 Seiten, 70 Abbildungen. 1950. (*1152*)

Wehr- und Stauanlagen von *H. Dehnert*. 134 Seiten, 90 Abbildungen. 1952. (*965*)

Talsperren von *F. Tölke*. 122 Seiten, 70 Abbildungen. 1953. (*1044*)

Hoch- und Tiefbau

Die wichtigsten Baustoffe des Hoch- und Tiefbaus von *O. Graf* †. 4., verbesserte Auflage. 131 Seiten, 63 Abbildungen. 1953. (*984*)

Baustoffverarbeitung und Baustellenprüfung des Betons von *A. Kleinlogel.* 2., neubearbeitete und erweiterte Auflage. 126 Seiten, 35 Abbildungen. 1951. (*978*)

Festigkeitslehre. 2 Bände.
- I: Elastizität, Plastizität und Festigkeit der Baustoffe und Bauteile von *W. Gehler* † und *W. Herberg.* Durchgesehener und erweiterter Neudruck. 159 Seiten, 118 Abbildungen. 1952. (*1144*)
- II: Formänderung, Platten, Stabilität und Bruchhypothesen von *W. Herberg* und *N. Dimitrov.* 187 Seiten, 94 Abbildungen. 1955. (*1145/1145a*)

Grundlagen des Stahlbetonbaus von *A. Troche.* 2., neubearbeitete und erweiterte Auflage. 208 Seiten, 75 Abbildungen, 17 Bemessungstafeln, 20 Rechenbeispiele. 1953. (*1078*)

Statik der Baukonstruktionen von *A. Teichmann.* 3 Bände.
- I: Grundlagen. 101 Seiten, 51 Abbildungen, 8 Formeltafeln. 1956. (*119*)
- II: Statisch bestimmte Stabwerke. 107 Seiten, 52 Abbildungen, 7 Tafeln. 1957. (*120*)
- III: Statisch unbestimmte Systeme. 112 Seiten, 34 Abbildungen, 7 Formeltafeln. 1958. (*122*)

Fenster, Türen, Tore aus Holz und Metall. Eine Anleitung zu ihrer guten Gestaltung, wirtschaftlichen Bemessung und handwerksgerechten Konstruktion von *W. Wickop* †. 4., überarbeitete und ergänzte Auflage. 155 Seiten, 95 Abbildungen. 1955. (*1092*)

Heizung und Lüftung von *J. Körting* † und *W. Körting.* 2 Bände.
- I: Das Wesen und die Berechnung der Heizungs- und Lüftungsanlagen. 9., durchgesehene Auflage. 1958. In Vorbereitung. (*342*)
- II: Die Ausführung der Heizungs- und Lüftungsanlagen. 9. Auflage. 1958. In Vorbereitung. (*343*)

Industrielle Kraft- und Wärmewirtschaft von *F. A. F. Schmidt* und *A. Beckers.* 167 Seiten, 73 Abbildungen. 1957. (*318/318a*)

Sammlung Göschen / Bandnummernfolge

1 Langosch, Der Nibelunge Nôt
3/3a v. Ende, Die Maschinenelemente
9 Marcard-Beck, Dampfkessel I
10 Jiriczek-Wisniewski, Kudrun- und Dietrich-Epen
13 Lotze, Geologie
18 Maurer, Hartmann von Aue
19 Altheim, Römische Geschichte I
20 Hofstaetter-Spree, Dt. Sprachlehre
22 Maurer, Gottfried von Strassburg
29 Brauns-Chudoba, Allg. Mineralogie
30 Eckert-Greifendorff-Kleffner, Kartenkunde
31 Brauns-Chudoba, Spez. Mineralogie
35 Treue, Dt. Geschichte von 1648 bis 1740
37 Klemm, Anorganische Chemie
38/38a Schlenk, Organische Chemie
39 Treue, Dt. Geschichte von 1713 bis 1806
42 Behn, Vorgeschichte Europas
44 Kresze, Physikalische Methoden der organischen Chemie
47 Fischer-Rohrbach, Arithmetik
51/51a Ringleb-Bürklen, Mathematische Formelsammlung
59 Krahe, Indogerm. Sprachwissensch. I
60 Biehle, Stimmkunde
61 Biehle, Redetechnik
64 Krahe, Indogerm. Sprachwissensch. II
65/65a Grotemeyer, Analyt. Geometrie
66 Berneker-Vasmer, Russische Grammatik
71 Schulze, Allgemeine und physikalische Chemie I
76 Döring, Einführung in die theoret. Physik I
77 Döring, Einführung in die theoret. Physik II
78 Döring, Einführung in die theoret. Physik III
79 Hempel, Gotisches Elementarbuch
80 Weigert, Stilkunde I
96 Hartmann, Einf. i. d. allgem. Biologie
99 Hessenberg-Kneser, Ebene und sphär. Trigonometrie
101 v. Wiese, Soziologie
103 Dahrendorf, Industrie- und Betriebssoziologie
104/104a Hofstätter, Sozialpsychologie
111 Hoffmann-Debrunner, Gesch. der griechischen Sprache I
114 Debrunner, Gesch. der griechischen Sprache II
117 Brandenstein, Griechische Sprachwissenschaft I
118/118a Brandenstein, Griechische Sprachwissenschaft II
119 Teichmann, Statik der Baukonstruktionen I
120 Teichmann, Statik der Baukonstruktionen II
122 Teichmann, Statik der Baukonstruktionen III
125 Vossler, Ital. Literaturgeschichte
128/128a Lausberg, Romanische Sprachwissenschaft I
136 Mahler, Physikalische Formelsammlung
141 Geitler, Morphol. der Pflanzen
142 Haack, Darst. Geometrie I
143 Haack, Darst. Geometrie II
144 Haack, Darst. Geometrie III
145 Weimer, Gesch. der Pädagogik
148 Kolms, Finanzwissenschaft I
156/156a Landmann, Philosophische Anthropologie
170 Oehlmann, Musik des 19. Jahrh.
171/171a Oehlmann, Musik des 20. Jahrh.
173 Bruhns-Ramdohr, Petrographie
180 Böhm, Versicherungsmathematik I
184 Blümcke, Textilindustrie I
196 Mohr, Grundlagen der Elektrotechnik I
197 Mohr, Grundlagen der Elektrotechnik II
198 Mohr, Grundlagen der Elektrotechnik III
200/200a Gottschald, Dt. Rechtschreibungswörterbuch
210 Bruhns-Ramdohr, Kristallographie
220/220a Moser, Allgem. Musiklehre
221/221a Jander-Jahr, Maßanalyse
222 Hassak-Beutel, Warenkunde I
223 Hassak-Beutel, Warenkunde II
226 Hofmann, Geschichte d. Mathematik I
228 Vogel, Landw. Tierzucht
231/231a Ehrlich, Geschichte Israels
238 Krahe, German. Sprachwiss. I
243 Mahler, Physikal. Aufgabensammlg.

BANDNUMMERNFOLGE

1000 Jaspers, Geistige Situation der Zeit
1003 Hoheisel, Partielle Differentialgleichungen
1008/1008a Mellerowicz, Allgemeine Betriebswirtschaftslehre I
1009 Bechert-Gerthsen, Atomphysik I
1014 Huttenlocher, Mineral- und Erzlagerstättenkunde I
1015/1015a Huttenlocher, Mineral- und Erzlagerstättenkunde II
1017 Döring, Einführung in die theoret. Physik V
1020 Niese-Dienst, Elektrische Schweißverfahren
1031/1031a Apel-Ludz, Philosophisches Wörterbuch
1033 Bechert-Gerthsen, Atomphysik II
1034 Kranefeldt-Jung, Therapeutische Psychologie
1035 Altheim, Römische Religionsgeschichte I
1039 Dovifat, Zeitungslehre I
1040 Dovifat, Zeitungslehre II
1044 Tölke, Talsperren
1045 Schubert, Technik des Klavierspiels
1051/1051a Stolberg-Wernigerode, Gesch. der Verein. Staaten von Amerika
1052 Altheim, Römische Religionsgeschichte II
1057 Roth, Thermochemie
1059 Hoheisel, Aufgabensammlung zu den gewöhnlichen und partiellen Differentialgleichungen
1061 Grodzinski, Getriebelehre I
1065 Haller-Dannenbauer, Von den Karolingern zu den Staufern
1070 Sauter, Differentialgleichungen der Physik
1076/1076a Endres, Verbrennungsmotoren I
1078 Troche, Stahlbetonbau
1082 Hasse-Klobe, Aufgabensammlung zur höheren Algebra
1084 Nußelt, Technische Thermodynamik I
1085 Lietzmann-Aland, Zeitrechnung
1086 Müller, Dt. Dichten und Denken
1088 Preller, Geschichte Englands II
1092 Wickop, Fenster, Türen, Tore
1094 Hernried, System. Modulation
1096 Viëtor, Dt. Dichten und Denken
1099 Hoheisel, Integralgleichungen
1105 Hartung, Dt. Geschichte im Zeitalter der Reformation
1108 de Boor-Wisniewski, Mittelhochdeutsche Grammatik
1109 Knopp, Elemente der Funktionentheorie
1111 Naumann-Betz, Althochdeutsches Elementarbuch
1113/1113a Strubecker, Differentialgeometrie I
1114 Schubel, Englische Literaturgeschichte I
1115 Ranke, Altnord. Elementarbuch
1116 Schubel, Englische Literaturgeschichte II
1117 Haller-Dannenbauer, Eintritt der Germanen in die Geschichte
1121 Naumann, Dt. Dichten und Denken
1122 Feist, Sprechen und Sprachpflege
1123/1123a Bechert-Gerthsen, Atomphysik III
1124 Meissner, Englische Literaturgeschichte III
1125 Lehnert, Altengl. Elementarbuch
1127 Hartmann, Geschlecht und Geschlechtsbestimmung im Tier- und Pflanzenreich
1128 Buchner, Symbiose der Tiere mit pflanzl. Mikroorganismen
1130 Dibelius, Jesus
1131 Scholz-Schoeneberg, Einführung in die Zahlentheorie
1132 Frühauf, Überspannungen und Überspannungsschutz
1134 Kuckuck, Pflanzenzüchtung I
1135 Lehnert, Beowulf
1136 Meissner, Englische Literaturgeschichte IV
1137 Heil, Entwicklungsgeschichte des Pflanzenreiches
1138 Hämmerling, Fortpflanzung im Tier- und Pflanzenreich
1140 Unger, Induktionsmaschinen
1141 Koller, Hormone
1142 Meissner-Lehnert, Shakespeare
1144 Gehler-Herberg, Festigkeitslehre I
1145/1145a Herberg-Dimitrov, Festigkeitslehre II
1146 Humburg, Synchrone Maschine
1147 v. Waltershausen, Kunst des Dirigierens

Autorenregister

AUTORENREGISTER

Printed in Germany
200 000 133/58

FSC
www.fsc.org
MIX
Papier | Fördert gute Waldnutzung
FSC® C083411

Zeitfracht Medien GmbH
Ferdinand-Jühlke-Straße 7
99095 Erfurt, Deutschland
produktsicherheit@kolibri360.de

SAMMLUNG GÖSCHEN BAND 423

FÜNFSTELLIGE LOGARITHMEN

MIT MEHREREN GRAPHISCHEN RECHENTAFELN UND HÄUFIG VORKOMMENDEN ZAHLENWERTEN

von

PROF. AUGUST ADLER

Dritte Auflage

WALTER DE GRUYTER & CO.
vormals G. J. Göschen'sche Verlagshandlung · J. Guttentag, Verlagsbuchhandlung · Georg Reimer · Karl J. Trübner · Veit & Comp.
BERLIN 1959

Inhalt.

Zahl		0	1	2	3	4	5	6	7	8	9	D
100	00	000	043	087	130	173	217	260	303	346	389	44
101		432	475	518	561	604	647	689	732	775	817	
102		860	903	945	988	*030	*072	*115	*157	*199	*242	
103	01	284	326	368	410	452	494	536	578	620	662	
104		703	745	787	828	870	912	953	995	*036	*078	
105	02	119	160	202	243	284	325	366	407	449	490	
106		531	572	612	653	694	735	776	816	857	898	
107		938	979	*019	*060	*100	*141	*181	*222	*262	*302	
108	03	342	383	423	463	503	543	583	623	663	703	
109		743	782	822	862	902	941	981	*021	*060	*100	
110	04	139	179	218	258	297	336	376	415	454	493	
111		532	571	610	650	689	727	766	805	844	883	
112		922	961	999	*038	*077	*115	*154	*192	*231	*269	
113	05	308	346	385	423	461	500	538	576	614	652	
114		690	729	767	805	843	881	918	956	994	*032	
115	06	070	108	145	183	221	258	296	333	371	408	
116		446	483	521	558	595	633	670	707	744	781	
117		819	856	893	930	967	*004	*041	*078	*115	*151	
118	07	188	225	262	298	335	372	408	445	482	518	
119		555	591	628	664	700	737	773	809	846	882	
120		918	954	990	*027	*063	*099	*135	*171	*207	*243	
121	08	279	314	350	386	422	458	493	529	565	600	
122		636	672	707	743	778	814	849	884	920	955	
123		991	*026	*061	*096	*132	*167	*202	*237	*272	*307	
124	09	342	377	412	447	482	517	552	587	621	656	
125		691	726	760	795	830	864	899	934	968	*003	
126	10	037	072	106	140	175	209	243	278	312	346	
127		380	415	449	483	517	551	585	619	653	687	
128		721	755	789	823	857	890	924	958	992	*025	
129	11	059	093	126	160	193	227	261	294	327	361	34
Zahl		0	1	2	3	4	5	6	7	8	9	

A.

Zahl		0	1	2	3	4	5	6	7	8	9	D
130	11	394	428	461	494	528	561	594	628	661	694	34
131		727	760	793	826	860	893	926	959	992	*024	
132	12	057	090	123	156	189	222	254	287	320	352	
133		385	418	450	483	516	548	581	613	646	678	
134		710	743	775	808	840	872	905	937	969	*001	
135	13	033	066	098	130	162	194	226	258	290	322	
136		354	386	418	450	481	513	545	577	609	640	
137		672	704	735	767	799	830	862	893	925	956	
138		988	*019	*051	*082	*114	*145	*176	*208	*239	*270	
139	14	301	333	364	395	426	457	489	520	551	582	
140		613	644	675	706	737	768	799	829	860	891	
141		922	953	983	*014	*045	*076	*106	*137	*168	*198	
142	15	229	259	290	320	351	381	412	442	473	503	
143		534	564	594	625	655	685	715	746	776	806	
144		836	866	897	927	957	987	*017	*047	*077	*107	
145	16	137	167	197	227	256	286	316	346	376	406	
146		435	465	495	524	554	584	613	643	673	702	
147		732	761	791	820	850	879	909	938	967	997	
148	17	026	056	085	114	143	173	202	231	260	289	
149		319	348	377	406	435	464	493	522	551	580	
150		609	638	667	696	725	754	782	811	840	869	
151		898	926	955	984	*013	*041	*070	*099	*127	*156	
152	18	184	213	241	270	298	327	355	384	412	441	
153		469	498	526	554	583	611	639	667	696	724	
154		752	780	808	837	865	893	921	949	977	*005	
155	19	033	061	089	117	145	173	201	229	257	285	
156		312	340	368	396	424	451	479	507	535	562	
157		590	618	645	673	700	728	756	783	811	838	
158		866	893	921	948	976	*003	*030	*058	*085	*112	
159	20	140	167	194	222	249	276	303	330	358	385	27
Zahl		0	1	2	3	4	5	6	7	8	9	

A.

Zahl		0	1	2	3	4	5	6	7	8	9	D
160	20	412	439	466	493	520	548	575	602	629	656	27
161		683	710	737	763	790	817	844	871	898	925	
162		952	978	*005	*032	*059	*085	*112	*139	*165	*192	
163	21	219	245	272	299	325	352	378	405	431	458	
164		484	511	537	564	590	617	643	669	696	722	
165		748	775	801	827	854	880	906	932	958	985	
166	22	011	037	063	089	115	141	167	194	220	246	
167		272	298	324	350	376	401	427	453	479	505	
168		531	557	583	608	634	660	686	712	737	763	
169		789	814	840	866	891	917	943	968	994	*019	
170	23	045	070	096	121	147	172	198	223	249	274	
171		300	325	350	376	401	426	452	477	502	528	
172		553	578	603	629	654	679	704	729	754	779	
173		805	830	855	880	905	930	955	980	*005	*030	
174	24	055	080	105	130	155	180	204	229	254	279	
175		304	329	353	378	403	428	452	477	502	527	
176		551	576	601	625	650	674	699	724	748	773	
177		797	822	846	871	895	920	944	969	993	*018	
178	25	042	066	091	115	139	164	188	212	237	261	
179		285	310	334	358	382	406	431	455	479	503	
180		527	551	575	600	624	648	672	696	720	744	
181		768	792	816	840	864	888	912	935	959	983	
182	26	007	031	055	079	102	126	150	174	198	221	
183		245	269	293	316	340	364	387	411	435	458	
184		482	505	529	553	576	600	623	647	670	694	
185		717	741	764	788	811	834	858	881	905	928	
186		951	975	998	*021	*045	*068	*091	*114	*138	*161	
187	27	184	207	231	254	277	300	323	346	370	393	
188		416	439	462	485	508	531	554	577	600	623	
189		646	669	692	715	738	761	784	807	830	852	23
Zahl		0	1	2	3	4	5	6	7	8	9	

A.

Zahl		0	1	2	3	4	5	6	7	8	9	D
190	27	875	898	921	944	967	989	*012	*035	*058	*081	23
191	28	103	126	149	171	194	217	240	262	285	307	
192		330	353	375	398	421	443	466	488	511	533	
193		556	578	601	623	646	668	691	713	735	758	
194		780	803	825	847	870	892	914	937	959	981	
195	29	003	026	048	070	092	115	137	159	181	203	
196		226	248	270	292	314	336	358	380	403	425	
197		447	469	491	513	535	557	579	601	623	645	
198		667	688	710	732	754	776	798	820	842	863	
199		885	907	929	951	973	994	*016	*038	*060	*081	
200	30	103	125	146	168	190	211	233	255	276	298	
201		320	341	363	384	406	428	449	471	492	514	
202		535	557	578	600	621	643	664	685	707	728	
203		750	771	792	814	835	856	878	899	920	942	
204		963	984	*006	*027	*048	*069	*091	*112	*133	*154	
205	31	175	197	218	239	260	281	302	323	345	366	
206		387	408	429	450	471	492	513	534	555	576	
207		597	618	639	660	681	702	723	744	765	785	
208		806	827	848	869	890	911	931	952	973	994	
209	32	015	035	056	077	098	118	139	160	181	201	
210		222	243	263	284	305	325	346	366	387	408	
211		428	449	469	490	510	531	552	572	593	613	
212		634	654	675	695	715	736	756	777	797	818	
213		838	858	879	899	919	940	960	980	*001	*021	
214	33	041	062	082	102	122	143	163	183	203	224	
215		244	264	284	304	325	345	365	385	405	425	
216		445	465	486	506	526	546	566	586	606	626	
217		646	666	686	706	726	746	766	786	806	826	
218		846	866	885	905	925	945	965	985	*005	*025	
219	34	044	064	084	104	124	143	163	183	203	223	19
Zahl		0	1	2	3	4	5	6	7	8	9	

A.

Zahl		0	1	2	3	4	5	6	7	8	9	D
220	34	242	262	282	301	321	341	361	380	400	420	19
221		439	459	479	498	518	537	557	577	596	616	
222		635	655	674	694	713	733	753	772	792	811	
223		830	850	869	889	908	928	947	967	986	*005	
224	35	025	044	064	083	102	122	141	160	180	199	
225		218	238	257	276	295	315	334	353	372	392	
226		411	430	449	468	488	507	526	545	564	583	
227		603	622	641	660	679	698	717	736	755	774	
228		793	813	832	851	870	889	908	927	946	965	
229		984	*003	*021	*040	*059	*078	*097	*116	*135	*154	
230	36	173	192	211	229	248	267	286	305	324	342	
231		361	380	399	418	436	455	474	493	511	530	
232		549	568	586	605	624	642	661	680	698	717	
233		736	754	773	791	810	829	847	866	884	903	
234		922	940	959	977	996	*014	*033	*051	*070	*088	
235	37	107	125	144	162	181	199	218	236	254	273	
236		291	310	328	346	365	383	401	420	438	457	
237		475	493	511	530	548	566	585	603	621	639	
238		658	676	694	712	731	749	767	785	803	822	
239		840	858	876	894	912	931	949	967	985	*003	
240	38	021	039	057	075	093	112	130	148	166	184	
241		202	220	238	256	274	292	310	328	346	364	
242		382	399	417	435	453	471	489	507	525	543	
243		561	578	596	614	632	650	668	686	703	721	
244		739	757	775	792	810	828	846	863	881	899	
245		917	934	952	970	987	*005	*023	*041	*058	*076	
246	39	094	111	129	146	164	182	199	217	235	252	
247		270	287	305	322	340	358	375	393	410	428	
248		445	463	480	498	515	533	550	568	585	602	
249		620	637	655	672	690	707	724	742	759	777	17
Zahl		0	1	2	3	4	5	6	7	8	9	

A.

Zahl		0	1	2	3	4	5	6	7	8	9	D
250	39	794	811	829	846	863	881	898	915	933	950	17
251		967	985	*002	*019	*037	*054	*071	*088	*106	*123	
252	40	140	157	175	192	209	226	243	261	278	295	
253		312	329	346	364	381	398	415	432	449	466	
254		483	500	518	535	552	569	586	603	620	637	
255		654	671	688	705	722	739	756	773	790	807	
256		824	841	858	875	892	909	926	943	960	976	
257		993	*010	*027	*044	*061	*078	*095	*111	*128	*145	
258	41	162	179	196	212	229	246	263	280	296	313	
259		330	347	363	380	397	414	430	447	464	481	
260		497	514	531	547	564	581	597	614	631	647	
261		664	681	697	714	731	747	764	780	797	814	
262		830	847	863	880	896	913	929	946	963	979	
263		996	*012	*029	*045	*062	*078	*095	*111	*127	*144	
264	42	160	177	193	210	226	243	259	275	292	308	
265		325	341	357	374	390	406	423	439	455	472	
266		488	504	521	537	553	570	586	602	619	635	
267		651	667	684	700	716	732	749	765	781	797	
268		813	830	846	862	878	894	911	927	943	959	
269		975	991	*008	*024	*040	*056	*072	*088	*104	*120	
270	43	136	152	169	185	201	217	233	249	265	281	
271		297	313	329	345	361	377	393	409	425	441	
272		457	473	489	505	521	537	553	569	584	600	
273		616	632	648	664	680	696	712	727	743	759	
274		775	791	807	823	838	854	870	886	902	917	
275		933	949	965	981	996	*012	*028	*044	*059	*075	
276	44	091	107	122	138	154	170	185	201	217	232	
277		248	264	279	295	311	326	342	358	373	389	
278		404	420	436	451	467	483	498	514	529	545	
279		560	576	592	607	623	638	654	669	685	700	16
Zahl		0	1	2	3	4	5	6	7	8	9	

A.

Zahl		0	1	2	3	4	5	6	7	8	9	D
280	44	716	731	747	762	778	793	809	824	840	855	16
281		871	886	902	917	932	948	963	979	994	*010	
282	45	025	040	056	071	086	102	117	133	148	163	
283		179	194	209	225	240	255	271	286	301	317	
284		332	347	362	378	393	408	423	439	454	469	
285		484	500	515	530	545	561	576	591	606	621	
286		637	652	667	682	697	712	728	743	758	773	
287		788	803	818	834	849	864	879	894	909	924	
288		939	954	969	984	*000	*015	*030	*045	*060	*075	
289	46	090	105	120	135	150	165	180	195	210	225	
290		240	255	270	285	300	315	330	345	359	374	
291		389	404	419	434	449	464	479	494	509	523	
292		538	553	568	583	598	613	627	642	657	672	
293		687	702	716	731	746	761	776	790	805	820	
294		835	850	864	879	894	909	923	938	953	967	
295		982	997	*012	*026	*041	*056	*070	*085	*100	*114	
296	47	129	144	159	173	188	202	217	232	246	261	
297		276	290	305	319	334	349	363	378	392	407	
298		422	436	451	465	480	494	509	524	538	553	
299		567	582	596	611	625	640	654	669	683	698	
300		712	727	741	756	770	784	799	813	828	842	
301		857	871	885	900	914	929	943	958	972	986	
302	48	001	015	029	044	058	073	087	101	116	130	
303		144	159	173	187	202	216	230	244	259	273	
304		287	302	316	330	344	359	373	387	401	416	
305		430	444	458	473	487	501	515	530	544	558	
306		572	586	601	615	629	643	657	671	686	700	
307		714	728	742	756	770	785	799	813	827	841	
308		855	869	883	897	911	926	940	954	968	982	
309		996	*010	*024	*038	*052	*066	*080	*094	*108	*122	14
Zahl		0	1	2	3	4	5	6	7	8	9	

Zahl		0	1	2	3	4	5	6	7	8	9	D
310	49	136	150	164	178	192	206	220	234	248	262	14
311		276	290	304	318	332	346	360	374	388	402	
312		415	429	443	457	471	485	499	513	527	541	
313		554	568	582	596	610	624	638	651	665	679	
314		693	707	721	734	748	762	776	790	803	817	
315		831	845	859	872	886	900	914	927	941	955	
316		969	982	996	*010	*024	*037	*051	*065	*079	*092	
317	50	106	120	133	147	161	174	188	202	215	229	
318		243	256	270	284	297	311	325	338	352	365	
319		379	393	406	420	433	447	461	474	488	501	
320		515	529	542	556	569	583	596	610	623	637	
321		651	664	678	691	705	718	732	745	759	772	
322		786	799	813	826	840	853	866	880	893	907	
323		920	934	947	961	974	987	*001	*014	*028	*041	
324	51	055	068	081	095	108	121	135	148	162	175	
325		188	202	215	228	242	255	268	282	295	308	
326		322	335	348	362	375	388	402	415	428	441	
327		455	468	481	495	508	521	534	548	561	574	
328		587	601	614	627	640	654	667	680	693	706	
329		720	733	746	759	772	786	799	812	825	838	
330		851	865	878	891	904	917	930	943	957	970	
331		983	996	*009	*022	*035	*048	*061	*075	*088	*101	
332	52	114	127	140	153	166	179	192	205	218	231	
333		244	257	270	284	297	310	323	336	349	362	
334		375	388	401	414	427	440	453	466	479	492	
335		504	517	530	543	556	569	582	595	608	621	
336		634	647	660	673	686	699	711	724	737	750	
337		763	776	789	802	815	827	840	853	866	879	
338		892	905	917	930	943	956	969	982	994	*007	
339	53	020	033	046	058	071	084	097	110	122	135	13
Zahl		0	1	2	3	4	5	6	7	8	9	

A.

Zahl		0	1	2	3	4	5	6	7	8	9	D
340	53	148	161	173	186	199	212	224	237	250	263	13
341		275	288	301	314	326	339	352	364	377	390	
342		403	415	428	441	453	466	479	491	504	517	
343		529	542	555	567	580	593	605	618	631	643	
344		656	668	681	694	706	719	732	744	757	769	
345		782	794	807	820	832	845	857	870	882	895	
346		908	920	933	945	958	970	983	995	*008	*020	
347	54	033	045	058	070	083	095	108	120	133	145	
348		158	170	183	195	208	220	233	245	258	270	
349		283	295	307	320	332	345	357	370	382	394	
350		407	419	432	444	456	469	481	494	506	518	
351		531	543	555	568	580	593	605	617	630	642	
352		654	667	679	691	704	716	728	741	753	765	
353		777	790	802	814	827	839	851	864	876	888	
354		900	913	925	937	949	962	974	986	998	*011	
355	55	023	035	047	060	072	084	096	108	121	133	
356		145	157	169	182	194	206	218	230	242	255	
357		267	279	291	303	315	328	340	352	364	376	
358		388	400	413	425	437	449	461	473	485	497	
359		509	522	534	546	558	570	582	594	606	618	
360		630	642	654	666	678	691	703	715	727	739	
361		751	763	775	787	799	811	823	835	847	859	
362		871	883	895	907	919	931	943	955	967	979	
363		991	*003	*015	*027	*038	*050	*062	*074	*086	*098	
364	56	110	122	134	146	158	170	182	194	205	217	
365		229	241	253	265	277	289	301	312	324	336	
366		348	360	372	384	396	407	419	431	443	455	
367		467	478	490	502	514	526	538	549	561	573	
368		585	597	608	620	632	644	656	667	679	691	
369		703	714	726	738	750	761	773	785	797	808	12
Zahl		0	1	2	3	4	5	6	7	8	9	

Zahl		0	1	2	3	4	5	6	7	8	9	D
370	56	820	832	844	855	867	879	891	902	914	926	12
371		937	949	961	972	984	996	*008	*019	*031	*043	
372	57	054	066	078	089	101	113	124	136	148	159	
373		171	183	194	206	217	229	241	252	264	276	
374		287	299	310	322	334	345	357	368	380	392	
375		403	415	426	438	449	461	473	484	496	507	
376		519	530	542	553	565	576	588	600	611	623	
377		634	646	657	669	680	692	703	715	726	738	
378		749	761	772	784	795	807	818	830	841	852	
379		864	875	887	898	910	921	933	944	955	967	
380		978	990	*001	*013	*024	*035	*047	*058	*070	*081	
381	58	092	104	115	127	138	149	161	172	184	195	
382		206	218	229	240	252	263	274	286	297	309	
383		320	331	343	354	365	377	388	399	410	422	
384		433	444	456	467	478	490	501	512	524	535	
385		546	557	569	580	591	602	614	625	636	647	
386		659	670	681	692	704	715	726	737	749	760	
387		771	782	794	805	816	827	838	850	861	872	
388		883	894	906	917	928	939	950	961	973	984	
389		995	*006	*017	*028	*040	*051	*062	*073	*084	*095	
390	59	106	118	129	140	151	162	173	184	195	207	
391		218	229	240	251	262	273	284	295	306	318	
392		329	340	351	362	373	384	395	406	417	428	
393		439	450	461	472	483	494	506	517	528	539	
394		550	561	572	583	594	605	616	627	638	649	
395		660	671	682	693	704	715	726	737	748	759	
396		770	780	791	802	813	824	835	846	857	868	
397		879	890	901	912	923	934	945	956	966	977	
398		988	999	*010	*021	*032	*043	*054	*065	*076	*086	
399	60	097	108	119	130	141	152	163	173	184	195	11
Zahl		0	1	2	3	4	5	6	7	8	9	

A.

Zahl		0	1	2	3	4	5	6	7	8	9	D
400	60	206	217	228	239	249	260	271	282	293	304	11
401		314	325	336	347	358	369	379	390	401	412	
402		423	433	444	455	466	477	487	498	509	520	
403		531	541	552	563	574	584	595	606	617	627	
404		638	649	660	670	681	692	703	713	724	735	
405		746	756	767	778	788	799	810	821	831	842	
406		853	863	874	885	895	906	917	927	938	949	
407		959	970	981	991	*002	*013	*023	*034	*045	*055	
408	61	066	077	087	098	109	119	130	140	151	162	
409		172	183	194	204	215	225	236	247	257	268	
410		278	289	300	310	321	331	342	352	363	374	
411		384	395	405	416	426	437	448	458	469	479	
412		490	500	511	521	532	542	553	563	574	584	
413		595	606	616	627	637	648	658	669	679	690	
414		700	711	721	731	742	752	763	773	784	794	
415		805	815	826	836	847	857	868	878	888	899	
416		909	920	930	941	951	962	972	982	993	*003	
417	62	014	024	034	045	055	066	076	086	097	107	
418		118	128	138	149	159	170	180	190	201	211	
419		221	232	242	252	263	273	284	294	304	315	
420		325	335	346	356	366	377	387	397	408	418	
421		428	439	449	459	469	480	490	500	511	521	
422		531	542	552	562	572	583	593	603	613	624	
423		634	644	655	665	675	685	696	706	716	726	
424		737	747	757	767	778	788	798	808	818	829	
425		839	849	859	870	880	890	900	910	921	931	
426		941	951	961	972	982	992	*002	*012	*022	*033	
427	63	043	053	063	073	083	094	104	114	124	134	
428		144	155	165	175	185	195	205	215	225	236	
429		246	256	266	276	286	296	306	317	327	337	10
Zahl		**0**	**1**	**2**	**3**	**4**	**5**	**6**	**7**	**8**	**9**	

Zahl		0	1	2	3	4	5	6	7	8	9	D
430	63	347	357	367	377	387	397	407	417	428	438	10
431		448	458	468	478	488	498	508	518	528	538	
432		548	558	568	579	589	599	609	619	629	639	
433		649	659	669	679	689	699	709	719	729	739	
434		749	759	769	779	789	799	809	819	829	839	
435		849	859	869	879	889	899	909	919	929	939	
436		949	959	969	979	988	998	*008	*018	*028	*038	
437	64	048	058	068	078	088	098	108	118	128	137	
438		147	157	167	177	187	197	207	217	227	237	
439		246	256	266	276	286	296	306	316	326	335	
440		345	355	365	375	385	395	404	414	424	434	
441		444	454	464	473	483	493	503	513	523	532	
442		542	552	562	572	582	591	601	611	621	631	
443		640	650	660	670	680	689	699	709	719	729	
444		738	748	758	768	777	787	797	807	816	826	
445		836	846	856	865	875	885	895	904	914	924	
446		933	943	953	963	972	982	992	*002	*011	*021	
447	65	031	040	050	060	070	079	089	099	108	118	
448		128	137	147	157	167	176	186	196	205	215	
449		225	234	244	254	263	273	283	292	302	312	
450		321	331	341	350	360	369	379	389	398	408	
451		418	427	437	447	456	466	475	485	495	504	
452		514	523	533	543	552	562	571	581	591	600	
453		610	619	629	639	648	658	667	677	686	696	
454		706	715	725	734	744	753	763	772	782	792	
455		801	811	820	830	839	849	858	868	877	887	
456		896	906	916	925	935	944	954	963	973	982	
457		992	*001	*011	*020	*030	*039	*049	*058	*068	*077	
458	66	087	097	106	115	124	134	143	153	162	172	
459		181	191	200	210	219	229	238	247	257	266	10
Zahl		0	1	2	3	4	5	6	7	8	9	

A.

Zahl		0	1	2	3	4	5	6	7	8	9	D
460	66	276	285	295	304	314	323	332	342	351	361	10
461		370	380	389	398	408	417	427	436	445	455	
462		464	474	483	492	502	511	521	530	539	549	
463		558	567	577	586	596	605	614	624	633	642	
464		652	661	671	680	689	699	708	717	727	736	
465		745	755	764	773	783	792	801	811	820	829	
466		839	848	857	867	876	885	894	904	913	922	
467		932	941	950	960	969	978	987	997	*006	*015	
468	67	025	034	043	052	062	071	080	089	099	108	
469		117	127	136	145	154	164	173	182	191	201	
470		210	219	228	237	247	256	265	274	284	293	
471		302	311	321	330	339	348	357	367	376	385	
472		394	403	413	422	431	440	449	459	468	477	
473		486	495	504	514	523	532	541	550	560	569	
474		578	587	596	605	614	624	633	642	651	660	
475		669	679	688	697	706	715	724	733	742	752	
476		761	770	779	788	797	806	815	825	834	843	
477		852	861	870	879	888	897	906	916	925	934	
478		943	952	961	970	979	988	997	*006	*015	*024	
479	68	034	043	052	061	070	079	088	097	106	115	
480		124	133	142	151	160	169	178	187	196	205	
481		215	224	233	242	251	260	269	278	287	296	
482		305	314	323	332	341	350	359	368	377	386	
483		395	404	413	422	431	440	449	458	467	476	
484		485	494	502	511	520	529	538	547	556	565	
485		574	583	592	601	610	619	628	637	646	655	
486		664	673	681	690	699	708	717	726	735	744	
487		753	762	771	780	789	797	806	815	824	833	
488		842	851	860	869	878	886	895	904	913	922	
489		931	940	949	958	966	975	984	993	*002	*011	9
Zahl		0	1	2	3	4	5	6	7	8	9	

A.

Zahl		0	1	2	3	4	5	6	7	8	9	D
490	69	020	028	037	046	055	064	073	082	090	099	9
491		108	117	126	135	144	152	161	170	179	188	
492		197	205	214	223	232	241	249	258	267	276	
493		285	294	302	311	320	329	338	346	355	364	
494		373	381	390	399	408	417	425	434	443	452	
495		461	469	478	487	496	504	513	522	531	539	
496		548	557	566	574	583	592	601	609	618	627	
497		636	644	653	662	671	679	688	697	705	714	
498		723	732	740	749	758	767	775	784	793	801	
499		810	819	827	836	845	854	862	871	880	888	
500		897	906	914	923	932	940	949	958	966	975	
501		984	992	*001	*010	*018	*027	*036	*044	*053	*062	
502	70	070	079	088	096	105	114	122	131	140	148	
503		157	165	174	183	191	200	209	217	226	234	
504		243	252	260	269	278	286	295	303	312	321	
505		329	338	346	355	364	372	381	389	398	406	
506		415	424	432	441	449	458	467	475	484	492	
507		501	509	518	526	535	544	552	561	569	578	
508		586	595	603	612	621	629	638	646	655	663	
509		672	680	689	697	706	714	723	731	740	749	
510		757	766	774	783	791	800	808	817	825	834	
511		842	851	859	868	876	885	893	902	910	919	
512		927	935	944	952	961	969	978	986	995	*003	
513	71	012	020	029	037	046	054	063	071	079	088	
514		096	105	113	122	130	139	147	155	164	172	
515		181	189	198	206	214	223	231	240	248	257	
516		265	273	282	290	299	307	315	324	332	341	
517		349	357	366	374	383	391	399	408	416	425	
518		433	441	450	458	466	475	483	492	500	508	
519		517	525	533	542	550	559	567	575	584	592	8
Zahl		0	1	2	3	4	5	6	7	8	9	

A.

Zahl		0	1	2	3	4	5	6	7	8	9	D
520	71	600	609	617	625	634	642	650	659	667	675	8
521		684	692	700	709	717	725	734	742	750	759	
522		767	775	784	792	800	809	817	825	834	842	
523		850	858	867	875	883	892	900	908	917	925	
524		933	941	950	958	966	975	983	991	999	*008	
525	72	016	024	032	041	049	057	066	074	082	090	
526		099	107	115	123	132	140	148	156	165	173	
527		181	189	198	206	214	222	230	239	247	255	
528		263	272	280	288	296	304	313	321	329	337	
529		346	354	362	370	378	387	395	403	411	419	
530		428	436	444	452	460	469	477	485	493	501	
531		509	518	526	534	542	550	558	567	575	583	
532		591	599	607	616	624	632	640	648	656	665	
533		673	681	689	697	705	713	722	730	738	746	
534		754	762	770	779	787	795	803	811	819	827	
535		835	843	852	860	868	876	884	892	900	908	
536		916	925	933	941	949	957	965	973	981	989	
537		997	*006	*014	*022	*030	*038	*046	*054	*062	*070	
538	73	078	086	094	102	111	119	127	135	143	151	
539		159	167	175	183	191	199	207	215	223	231	
540		239	247	255	263	272	280	288	296	304	312	
541		320	328	336	344	352	360	368	376	384	392	
542		400	408	416	424	432	440	448	456	464	472	
543		480	488	496	504	512	520	528	536	544	552	
544		560	568	576	584	592	600	608	616	624	632	
545		640	648	656	664	672	679	687	695	703	711	
546		719	727	735	743	751	759	767	775	783	791	
547		799	807	815	823	830	838	846	854	862	870	
548		878	886	894	902	910	918	926	933	941	949	
549		957	965	973	981	989	997	*005	*013	*020	*028	8
Zahl		0	1	2	3	4	5	6	7	8	9	

Zahl	0	1	2	3	4	5	6	7	8	9	D
550	74 036	044	052	060	068	076	084	092	099	107	8
551	115	123	131	139	147	155	162	170	178	186	
552	194	202	210	218	225	233	241	249	257	265	
553	273	280	288	296	304	312	320	327	335	343	
554	351	359	367	374	382	390	398	406	414	421	
555	429	437	445	453	461	468	476	484	492	500	
556	507	515	523	531	539	547	554	562	570	578	
557	586	593	601	609	617	624	632	640	648	656	
558	663	671	679	687	695	702	710	718	726	733	
559	741	749	757	764	772	780	788	796	803	811	
560	819	827	834	842	850	858	865	873	881	889	
561	896	904	912	920	927	935	943	950	958	966	
562	974	981	989	997	*005	*012	*020	*028	*035	*043	
563	75 051	059	066	074	082	089	097	105	113	120	
564	128	136	143	151	159	166	174	182	189	197	
565	205	213	220	228	236	243	251	259	266	274	
566	282	289	297	305	312	320	328	335	343	351	
567	358	366	374	381	389	397	404	412	420	427	
568	435	442	450	458	465	473	481	488	496	504	
569	511	519	526	534	542	549	557	565	572	580	
570	587	595	603	610	618	626	633	641	648	656	
571	664	671	679	686	694	702	709	717	724	732	
572	740	747	755	762	770	778	785	793	800	808	
573	815	823	831	838	846	853	861	868	876	884	
574	891	899	906	914	921	929	937	944	952	959	
575	967	974	982	989	997	*005	*012	*020	*027	*035	
576	76 042	050	057	065	072	080	087	095	103	110	
577	118	125	133	140	148	155	163	170	178	185	
578	193	200	208	215	223	230	238	245	253	260	
579	268	275	283	290	298	305	313	320	328	335	8
Zahl	0	1	2	3	4	5	6	7	8	9	

A.

Zahl		0	1	2	3	4	5	6	7	8	9	D
580	76	343	350	358	365	373	380	388	395	403	410	8
581		418	425	433	440	448	455	462	470	477	485	
582		492	500	507	515	522	530	537	545	552	559	
583		567	574	582	589	597	604	612	619	626	634	
584		641	649	656	664	671	678	686	693	701	708	
585		716	723	730	738	745	753	760	768	775	782	
586		790	797	805	812	819	827	834	842	849	856	
587		864	871	879	886	893	901	908	916	923	930	
588		938	945	953	960	967	975	982	989	997	*004	
589	77	012	019	026	034	041	048	056	063	070	078	
590		085	093	100	107	115	122	129	137	144	151	
591		159	166	173	181	188	195	203	210	217	225	
592		232	240	247	254	262	269	276	283	291	298	
593		305	313	320	327	335	342	349	357	364	371	
594		379	386	393	401	408	415	422	430	437	444	
595		452	459	466	474	481	488	495	503	510	517	
596		525	532	539	546	554	561	568	576	583	590	
597		597	605	612	619	627	634	641	648	656	663	
598		670	677	685	692	699	706	714	721	728	735	
599		743	750	757	764	772	779	786	793	801	808	
600		815	822	830	837	844	851	859	866	873	880	
601		887	895	902	909	916	924	931	938	945	952	
602		960	967	974	981	988	996	*003	*010	*017	*025	
603	78	032	039	046	053	061	068	075	082	089	097	
604		104	111	118	125	132	140	147	154	161	168	
605		176	183	190	197	204	211	219	226	233	240	
606		247	254	262	269	276	283	290	297	305	312	
607		319	326	333	340	347	355	362	369	376	383	
608		390	398	405	412	419	426	433	440	447	455	
609		462	469	476	483	490	497	504	512	519	526	7
Zahl		0	1	2	3	4	5	6	7	8	9	

Zahl		0	1	2	3	4	5	6	7	8	9	D
610	78	533	540	547	554	561	569	576	583	590	597	7
611		604	611	618	625	633	640	647	654	661	668	
612		675	682	689	696	704	711	718	725	732	739	
613		746	753	760	767	774	781	789	796	803	810	
614		817	824	831	838	845	852	859	866	873	880	
615		888	895	902	909	916	923	930	937	944	951	
616		958	965	972	979	986	993	*000	*007	*014	*021	
617	79	029	036	043	050	057	064	071	078	085	092	
618		099	106	113	120	127	134	141	148	155	162	
619		169	176	183	190	197	204	211	218	225	232	
620		239	246	253	260	267	274	281	288	295	302	
621		309	316	323	330	337	344	351	358	365	372	
622		379	386	393	400	407	414	421	428	435	442	
623		449	456	463	470	477	484	491	498	505	511	
624		518	525	532	539	546	553	560	567	574	581	
625		588	595	602	609	616	623	630	637	644	650	
626		657	664	671	678	685	692	699	706	713	720	
627		727	734	741	748	754	761	768	775	782	789	
628		796	803	810	817	824	831	837	844	851	858	
629		865	872	879	886	893	900	906	913	920	927	
630		934	941	948	955	962	969	975	982	989	996	
631	80	003	010	017	024	030	037	044	051	058	065	
632		072	079	085	092	099	106	113	120	127	134	
633		140	147	154	161	168	175	182	188	195	202	
634		209	216	223	229	236	243	250	257	264	271	
635		277	284	291	298	305	312	318	325	332	339	
636		346	353	359	366	373	380	387	393	400	407	
637		414	421	428	434	441	448	455	462	468	475	
638		482	489	496	502	509	516	523	530	536	543	
639		550	557	564	570	577	584	591	598	604	611	7
Zahl		0	1	2	3	4	5	6	7	8	9	

A.

Zahl		0	1	2	3	4	5	6	7	8	9	D
640	80	618	625	632	638	645	652	659	665	672	679	7
641		686	693	699	706	713	720	726	733	740	747	
642		754	760	767	774	781	787	794	801	808	814	
643		821	828	835	841	848	855	862	868	875	882	
644		889	895	902	909	916	922	929	936	943	949	
645		956	963	969	976	983	990	996	*003	*010	*017	
646	81	023	030	037	043	050	057	064	070	077	084	
647		090	097	104	111	117	124	131	137	144	151	
648		158	164	171	178	184	191	198	204	211	218	
649		224	231	238	245	251	258	265	271	278	285	
650		291	298	305	311	318	325	331	338	345	351	
651		358	365	371	378	385	391	398	405	411	418	
652		425	431	438	445	451	458	465	471	478	485	
653		491	498	505	511	518	525	531	538	544	551	
654		558	564	571	578	584	591	598	604	611	617	
655		624	631	637	644	651	657	664	671	677	684	
656		690	697	704	710	717	723	730	737	743	750	
657		757	763	770	776	783	790	796	803	809	816	
658		823	829	836	842	849	856	862	869	875	882	
659		889	895	902	908	915	921	928	935	941	948	
660		954	961	968	974	981	987	994	*000	*007	*014	
661	82	020	027	033	040	046	053	060	066	073	079	
662		086	092	099	105	112	119	125	132	138	145	
663		151	158	164	171	178	184	191	197	204	210	
664		217	223	230	236	243	249	256	263	269	276	
665		282	289	295	302	308	315	321	328	334	341	
666		347	354	360	367	373	380	387	393	400	406	
667		413	419	426	432	439	445	452	458	465	471	
668		478	484	491	497	504	510	517	523	530	536	
669		543	549	556	562	569	575	582	588	595	601	6
Zahl		0	1	2	3	4	5	6	7	8	9	

Zahl		0	1	2	3	4	5	6	7	8	9	D
670	82	607	614	620	627	633	640	646	653	659	666	6
671		672	679	685	692	698	705	711	718	724	730	
672		737	743	750	756	763	769	776	782	789	795	
673		802	808	814	821	827	834	840	847	853	860	
674		866	872	879	885	892	898	905	911	918	924	
675		930	937	943	950	956	963	969	975	982	988	
676		995	*001	*008	*014	*020	*027	*033	*040	*046	*052	
677	83	059	065	072	078	085	091	097	104	110	117	
678		123	129	136	142	149	155	161	168	174	181	
679		187	193	200	206	213	219	225	232	238	245	
680		251	257	264	270	276	283	289	296	302	308	
681		315	321	327	334	340	347	353	359	366	372	
682		378	385	391	398	404	410	417	423	429	436	
683		442	448	455	461	467	474	480	487	493	499	
684		506	512	518	525	531	537	544	550	556	563	
685		569	575	582	588	594	601	607	613	620	626	
686		632	639	645	651	658	664	670	677	683	689	
687		696	702	708	715	721	727	734	740	746	753	
688		759	765	771	778	784	790	797	803	809	816	
689		822	828	835	841	847	853	860	866	872	879	
690		885	891	897	904	910	916	923	929	935	942	
691		948	954	960	967	973	979	985	992	998	*004	
692	84	011	017	023	029	036	042	048	055	061	067	
693		073	080	086	092	098	105	111	117	123	130	
694		136	142	148	155	161	167	173	180	186	192	
695		198	205	211	217	223	230	236	242	248	255	
696		261	267	273	280	286	292	298	305	311	317	
697		323	330	336	342	348	354	361	367	373	379	
698		386	392	398	404	410	417	423	429	435	442	
699		448	454	460	466	473	479	485	491	497	504	6
Zahl		0	1	2	3	4	5	6	7	8	9	

A.

Zahl		0	1	2	3	4	5	6	7	8	9	D
700	84	510	516	522	528	535	541	547	553	559	566	6
701		572	578	584	590	597	603	609	615	621	628	
702		634	640	646	652	658	665	671	677	683	689	
703		696	702	708	714	720	726	733	739	745	751	
704		757	763	770	776	782	788	794	800	807	813	
705		819	825	831	837	844	850	856	862	868	874	
706		880	887	893	899	905	911	917	924	930	936	
707		942	948	954	960	967	973	979	985	991	997	
708	85	003	009	016	022	028	034	040	046	052	058	
709		065	071	077	083	089	095	101	107	114	120	
710		126	132	138	144	150	156	163	169	175	181	
711		187	193	199	205	211	217	224	230	236	242	
712		248	254	260	266	272	278	285	291	297	303	
713		309	315	321	327	333	339	345	352	358	364	
714		370	376	382	388	394	400	406	412	418	425	
715		431	437	443	449	455	461	467	473	479	485	
716		491	497	503	509	516	522	528	534	540	546	
717		552	558	564	570	576	582	588	594	600	606	
718		612	618	625	631	637	643	649	655	661	667	
719		673	679	685	691	697	703	709	715	721	727	
720		733	739	745	751	757	763	769	775	781	788	
721		794	800	806	812	818	824	830	836	842	848	
722		854	860	866	872	878	884	890	896	902	908	
723		914	920	926	932	938	944	950	956	962	968	
724		974	980	986	992	998	*004	*010	*016	*022	*028	
725	86	034	040	046	052	058	064	070	076	082	088	
726		094	100	106	112	118	124	130	136	141	147	
727		153	159	165	171	177	183	189	195	201	207	
728		213	219	225	231	237	243	249	255	261	267	
729		273	279	285	291	297	303	308	314	320	326	6
Zahl		0	1	2	3	4	5	6	7	8	9	

Zahl		0	1	2	3	4	5	6	7	8	9	D
730	86	332	338	344	350	356	362	368	374	380	386	6
731		392	398	404	410	415	421	427	433	439	445	
732		451	457	463	469	475	481	487	493	499	504	
733		510	516	522	528	534	540	546	552	558	564	
734		570	576	581	587	593	599	605	611	617	623	
735		629	635	641	646	652	658	664	670	676	682	
736		688	694	700	705	711	717	723	729	735	741	
737		747	753	759	764	770	776	782	788	794	800	
738		806	812	817	823	829	835	841	847	853	859	
739		864	870	876	882	888	894	900	906	911	917	
740		923	929	935	941	947	953	958	964	970	976	
741		982	988	994	999	*005	*011	*017	*023	*029	*035	
742	87	040	046	052	058	064	070	075	081	087	093	
743		099	105	111	116	122	128	134	140	146	151	
744		157	163	169	175	181	186	192	198	204	210	
745		216	221	227	233	239	245	251	256	262	268	
746		274	280	286	291	297	303	309	315	320	326	
747		332	338	344	349	355	361	367	373	379	384	
748		390	396	402	408	413	419	425	431	437	442	
749		448	454	460	466	471	477	483	489	495	500	
750		506	512	518	523	529	535	541	547	552	558	
751		564	570	576	581	587	593	599	604	610	616	
752		622	628	633	639	645	651	656	662	668	674	
753		679	685	691	697	703	708	714	720	726	731	
754		737	743	749	754	760	766	772	777	783	789	
755		795	800	806	812	818	823	829	835	841	846	
756		852	858	864	869	875	881	887	892	898	904	
757		910	915	921	927	933	938	944	950	955	961	
758		967	973	978	984	990	996	*001	*007	*013	*018	
759	88	024	030	036	041	047	053	058	064	070	076	6
Zahl		0	1	2	3	4	5	6	7	8	9	

A.

Zahl		0	1	2	3	4	5	6	7	8	9	D
760	88	081	087	093	098	104	110	116	121	127	133	6
761		138	144	150	156	161	167	173	178	184	190	
762		195	201	207	213	218	224	230	235	241	247	
763		252	258	264	270	275	281	287	292	298	304	
764		309	315	321	326	332	338	343	349	355	360	
765		366	372	377	383	389	395	400	406	412	417	
766		423	429	434	440	446	451	457	463	468	474	
767		480	485	491	497	502	508	513	519	525	530	
768		536	542	547	553	559	564	570	576	581	587	
769		593	598	604	610	615	621	627	632	638	643	
770		649	655	660	666	672	677	683	689	694	700	
771		705	711	717	722	728	734	739	745	750	756	
772		762	767	773	779	784	790	795	801	807	812	
773		818	824	829	835	840	846	852	857	863	868	
774		874	880	885	891	897	902	908	913	919	925	
775		930	936	941	947	953	958	964	969	975	981	
776		986	992	997	*003	*009	*014	*020	*025	*031	*037	
777	89	042	048	053	059	064	070	076	081	087	092	
778		098	104	109	115	120	126	131	137	143	148	
779		154	159	165	170	176	182	187	193	198	204	
780		209	215	221	226	232	237	243	248	254	260	
781		265	271	276	282	287	293	298	304	310	315	
782		321	326	332	337	343	348	354	360	365	371	
783		376	382	387	393	398	404	409	415	421	426	
784		432	437	443	448	454	459	465	470	476	481	
785		487	492	498	504	509	515	520	526	531	537	
786		542	548	553	559	564	570	575	581	586	592	
787		597	603	609	614	620	625	631	636	642	647	
788		653	658	664	669	675	680	686	691	697	702	
789		708	713	719	724	730	735	741	746	752	757	6
Zahl		0	1	2	3	4	5	6	7	8	9	

Zahl		0	1	2	3	4	5	6	7	8	9	D
790	89	763	768	774	779	785	790	796	801	807	812	6
791		818	823	829	834	840	845	851	856	862	867	
792		873	878	883	889	894	900	905	911	916	922	
793		927	933	938	944	949	955	960	966	971	977	
794		982	988	993	998	*004	*009	*015	*020	*026	*031	
795	90	037	042	048	053	059	064	069	075	080	086	
796		091	097	102	108	113	119	124	129	135	140	
797		146	151	157	162	168	173	179	184	189	195	
798		200	206	211	217	222	227	233	238	244	249	
799		255	260	266	271	276	282	287	293	298	304	
800		309	314	320	325	331	336	342	347	352	358	
801		363	369	374	380	385	390	396	401	407	412	
802		417	423	428	434	439	445	450	455	461	466	
803		472	477	482	488	493	499	504	509	515	520	
804		526	531	536	542	547	553	558	563	569	574	
805		580	585	590	596	601	607	612	617	623	628	
806		634	639	644	650	655	660	666	671	677	682	
807		687	693	698	703	709	714	720	725	730	736	
808		741	747	752	757	763	768	773	779	784	789	
809		795	800	806	811	816	822	827	832	838	843	
810		849	854	859	865	870	875	881	886	891	897	
811		902	907	913	918	924	929	934	940	945	950	
812		956	961	966	972	977	982	988	993	998	*004	
813	91	009	014	020	025	030	036	041	046	052	057	
814		062	068	073	078	084	089	094	100	105	110	
815		116	121	126	132	137	142	148	153	158	164	
816		169	174	180	185	190	196	201	206	212	217	
817		222	228	233	238	243	249	254	259	265	270	
818		275	281	286	291	297	302	307	312	318	323	
819		328	334	339	344	350	355	360	365	371	376	5
Zahl		0	1	2	3	4	5	6	7	8	9	

A.

Zahl		0	1	2	3	4	5	6	7	8	9	D
820	91	381	387	392	397	403	408	413	418	424	429	5
821		434	440	445	450	455	461	466	471	477	482	
822		487	492	498	503	508	514	519	524	529	535	
823		540	545	551	556	561	566	572	577	582	587	
824		593	598	603	609	614	619	624	630	635	640	
825		645	651	656	661	666	672	677	682	687	693	
826		698	703	709	714	719	724	730	735	740	745	
827		751	756	761	766	772	777	782	787	793	798	
828		803	808	814	819	824	829	834	840	845	850	
829		855	861	866	871	876	882	887	892	897	903	
830		908	913	918	924	929	934	939	944	950	955	
831		960	965	971	976	981	986	991	997	*002	*007	
832	92	012	018	023	028	033	038	044	049	054	059	
833		065	070	075	080	085	091	096	101	106	111	
834		117	122	127	132	137	143	148	153	158	163	
835		169	174	179	184	189	195	200	205	210	215	
836		221	226	231	236	241	247	252	257	262	267	
837		273	278	283	288	293	298	304	309	314	319	
838		324	330	335	340	345	350	355	361	366	371	
839		376	381	387	392	397	402	407	412	418	423	
840		428	433	438	443	449	454	459	464	469	474	
841		480	485	490	495	500	505	511	516	521	526	
842		531	536	542	547	552	557	562	567	572	578	
843		583	588	593	598	603	609	614	619	624	629	
844		634	639	645	650	655	660	665	670	675	681	
845		686	691	696	701	706	711	716	722	727	732	
846		737	742	747	752	758	763	768	773	778	783	
847		788	793	799	804	809	814	819	824	829	834	
848		840	845	850	855	860	865	870	875	881	886	
849		891	896	901	906	911	916	921	927	932	937	5
Zahl		0	1	2	3	4	5	6	7	8	9	

Zahl		0	1	2	3	4	5	6	7	8	9	D
850	92	942	947	952	957	962	967	973	978	983	988	5
851		993	998	*003	*008	*013	*018	*024	*029	*034	*039	
852	93	044	049	054	059	064	069	075	080	085	090	
853		095	100	105	110	115	120	125	131	136	141	
854		146	151	156	161	166	171	176	181	186	192	
855		197	202	207	212	217	222	227	232	237	242	
856		247	252	258	263	268	273	278	283	288	293	
857		298	303	308	313	318	323	328	334	339	344	
858		349	354	359	364	369	374	379	384	389	394	
859		399	404	409	414	420	425	430	435	440	445	
860		450	455	460	465	470	475	480	485	490	495	
861		500	505	510	515	520	526	531	536	541	546	
862		551	556	561	566	571	576	581	586	591	596	
863		601	606	611	616	621	626	631	636	641	646	
864		651	656	661	666	671	676	682	687	692	697	
865		702	707	712	717	722	727	732	737	742	747	
866		752	757	762	767	772	777	782	787	792	797	
867		802	807	812	817	822	827	832	837	842	847	
868		852	857	862	867	872	877	882	887	892	897	
869		902	907	912	917	922	927	932	937	942	947	
870		952	957	962	967	972	977	982	987	992	997	
871	94	002	007	012	017	022	027	032	037	042	047	
872		052	057	062	067	072	077	082	086	091	096	
873		101	106	111	116	121	126	131	136	141	146	
874		151	156	161	166	171	176	181	186	191	196	
875		201	206	211	216	221	226	231	236	240	245	
876		250	255	260	265	270	275	280	285	290	295	
877		300	305	310	315	320	325	330	335	340	345	
878		349	354	359	364	369	374	379	384	389	394	
879		399	404	409	414	419	424	429	433	438	443	5
Zahl		0	1	2	3	4	5	6	7	8	9	

Zahl		0	1	2	3	4	5	6	7	8	9	D
880	94	448	453	458	463	468	473	478	483	488	493	5
881		498	503	507	512	517	522	527	532	537	542	
882		547	552	557	562	567	571	576	581	586	591	
883		596	601	606	611	616	621	626	630	635	640	
884		645	650	655	660	665	670	675	680	685	689	
885		694	699	704	709	714	719	724	729	734	738	
886		743	748	753	758	763	768	773	778	783	787	
887		792	797	802	807	812	817	822	827	832	836	
888		841	846	851	856	861	866	871	876	880	885	
889		890	895	900	905	910	915	919	924	929	934	
890		939	944	949	954	959	963	968	973	978	983	
891		988	993	998	*002	*007	*012	*017	*022	*027	*032	
892	95	036	041	046	051	056	061	066	071	075	080	
893		085	090	095	100	105	109	114	119	124	129	
894		134	139	143	148	153	158	163	168	173	177	
895		182	187	192	197	202	207	211	216	221	226	
896		231	236	240	245	250	255	260	265	270	274	
897		279	284	289	294	299	303	308	313	318	323	
898		328	332	337	342	347	352	357	361	366	371	
899		376	381	386	390	395	400	405	410	415	419	
900		424	429	434	439	444	448	453	458	463	468	
901		472	477	482	487	492	497	501	506	511	516	
902		521	525	530	535	540	545	550	554	559	564	
903		569	574	578	583	588	593	598	602	607	612	
904		617	622	626	631	636	641	646	650	655	660	
905		665	670	674	679	684	689	694	698	703	708	
906		713	718	722	727	732	737	742	746	751	756	
907		761	766	770	775	780	785	789	794	799	804	
908		809	813	818	823	828	832	837	842	847	852	
909		856	861	866	871	875	880	885	890	895	899	5
Zahl		0	1	2	3	4	5	6	7	8	9	

Zahl		0	1	2	3	4	5	6	7	8	9	D
910	95	904	909	914	918	923	928	933	938	942	947	5
911		952	957	961	966	971	976	980	985	990	995	
912		999	*004	*009	*014	*019	*023	*028	*033	*038	*042	
913	96	047	052	057	061	066	071	076	080	085	090	
914		095	099	104	109	114	118	123	128	133	137	
915		142	147	152	156	161	166	171	175	180	185	
916		190	194	199	204	209	213	218	223	227	232	
917		237	242	246	251	256	261	265	270	275	280	
918		284	289	294	298	303	308	313	317	322	327	
919		332	336	341	346	350	355	360	365	369	374	
920		379	384	388	393	398	402	407	412	417	421	
921		426	431	435	440	445	450	454	459	464	468	
922		473	478	483	487	492	497	501	506	511	515	
923		520	525	530	534	539	544	548	553	558	562	
924		567	572	577	581	586	591	595	600	605	609	
925		614	619	624	628	633	638	642	647	652	656	
926		661	666	670	675	680	685	689	694	699	703	
927		708	713	717	722	727	731	736	741	745	750	
928		755	759	764	769	774	778	783	788	792	797	
929		802	806	811	816	820	825	830	834	839	844	
930		848	853	858	862	867	872	876	881	886	890	
931		895	900	904	909	914	918	923	928	932	937	
932		942	946	951	956	960	965	970	974	979	984	
933		988	993	997	*002	*007	*011	*016	*021	*025	*030	
934	97	035	039	044	049	053	058	063	067	072	077	
935		081	086	090	095	100	104	109	114	118	123	
936		128	132	137	142	146	151	155	160	165	169	
937		174	179	183	188	192	197	202	206	211	216	
938		220	225	230	234	239	243	248	253	257	262	
939		267	271	276	280	285	290	294	299	304	308	5
Zahl		0	1	2	3	4	5	6	7	8	9	

A.

Zahl		0	1	2	3	4	5	6	7	8	9	D
940	97	313	317	322	327	331	336	340	345	350	354	5
941		359	364	368	373	377	382	387	391	396	400	
942		405	410	414	419	424	428	433	437	442	447	
943		451	456	460	465	470	474	479	483	488	493	
944		497	502	506	511	516	520	525	529	534	539	
945		543	548	552	557	562	566	571	575	580	585	
946		589	594	598	603	607	612	617	621	626	630	
947		635	640	644	649	653	658	663	667	672	676	
948		681	685	690	695	699	704	708	713	717	722	
949		727	731	736	740	745	749	754	759	763	768	
950		772	777	782	786	791	795	800	804	809	813	
951		818	823	827	832	836	841	845	850	855	859	
952		864	868	873	877	882	886	891	896	900	905	
953		909	914	918	923	928	932	937	941	946	950	
954		955	959	964	968	973	978	982	987	991	996	
955	98	000	005	009	014	019	023	028	032	037	041	
956		046	050	055	059	064	068	073	078	082	087	
957		091	096	100	105	109	114	118	123	127	132	
958		137	141	146	150	155	159	164	168	173	177	
959		182	186	191	195	200	204	209	214	218	223	
960		227	232	236	241	245	250	254	259	263	268	
961		272	277	281	286	290	295	299	304	308	313	
962		318	322	327	331	336	340	345	349	354	358	
963		363	367	372	376	381	385	390	394	399	403	
964		408	412	417	421	426	430	435	439	444	448	
965		453	457	462	466	471	475	480	484	489	493	
966		498	502	507	511	516	520	525	529	534	538	
967		543	547	552	556	561	565	570	574	579	583	
968		588	592	597	601	605	610	614	619	623	628	
969		632	637	641	646	650	655	659	664	668	673	4
Zahl		0	1	2	3	4	5	6	7	8	9	

Zahl	0	1	2	3	4	5	6	7	8	9	D
970	98 677	682	686	691	695	700	704	709	713	717	4
971	722	726	731	735	740	744	749	753	758	762	
972	767	771	776	780	784	789	793	798	802	807	
973	811	816	820	825	829	834	838	843	847	851	
974	856	860	865	869	874	878	883	887	892	896	
975	900	905	909	914	918	923	927	932	936	941	
976	945	949	954	958	963	967	972	976	981	985	
977	989	994	998	*003	*007	*012	*016	*021	*025	*029	
978	99 034	038	043	047	052	056	061	065	069	074	
979	078	083	087	092	096	100	105	109	114	118	
980	123	127	131	136	140	145	149	154	158	162	
981	167	171	176	180	185	189	193	198	202	207	
982	211	216	220	224	229	233	238	242	247	251	
983	255	260	264	269	273	277	282	286	291	295	
984	300	304	308	313	317	322	326	330	335	339	
985	344	348	352	357	361	366	370	374	379	383	
986	388	392	396	401	405	410	414	419	423	427	
987	432	436	441	445	449	454	458	463	467	471	
988	476	480	484	489	493	498	502	506	511	515	
989	520	524	528	533	537	542	546	550	555	559	
990	564	568	572	577	581	585	590	594	599	603	
991	607	612	616	621	625	629	634	638	642	647	
992	651	656	660	664	669	673	677	682	686	691	
993	695	699	704	708	712	717	721	726	730	734	
994	739	743	747	752	756	760	765	769	774	778	
995	782	787	791	795	800	804	808	813	817	822	
996	826	830	835	839	843	848	852	856	861	865	
997	870	874	878	883	887	891	896	900	904	909	
998	913	917	922	926	930	935	939	944	948	952	
999	957	961	965	970	974	978	983	987	991	996	4
Zahl	0	1	2	3	4	5	6	7	8	9	

B. Werte der goniometrischen Funktionen.

°	′	Sinus	Tangente	Cotangt.	Cosinus	′	°
0	**0**	0,00 000	0,00 000	∞	1,00 000	**0**	**90**
	10	00 291	00 291	343,7 737	1,00 000	**50**	
	20	00 582	00 582	171,8 854	0,99 998	**40**	
	30	00 873	00 873	114,5 887	99 996	**30**	
	40	01 164	01 164	85,9 398	99 993	**20**	
	50	01 454	01 455	68,7 501	99 989	**10**	
1	**0**	0,01 745	0,01 746	57,2 900	0,99 985	**0**	**89**
	10	02 036	02 037	49,1 039	99 979	**50**	
	20	02 327	02 328	42,9 641	99 973	**40**	
	30	02 618	02 619	38,1 885	99 966	**30**	
	40	02 909	02 910	34,3 678	99 958	**20**	
	50	03 199	03 201	31,2 416	99 949	**10**	
2	**0**	0,03 490	0,03 492	28,6 363	0,99 939	**0**	**88**
	10	03 781	03 783	26,4 316	99 929	**50**	
	20	04 071	04 075	24,5 418	99 917	**40**	
	30	04 362	04 366	22,9 038	99 905	**30**	
	40	04 653	04 658	21,4 704	99 892	**20**	
	50	04 943	04 949	20,2 056	99 878	**10**	
3	**0**	0,05 234	0,05 241	19,0 811	0,99 863	**0**	**87**
	10	05 524	05 533	18,0 750	99 847	**50**	
	20	05 815	05 824	17,1 693	99 831	**40**	
	30	06 105	06 116	16,3 499	99 813	**30**	
	40	06 395	06 408	15,6 048	99 795	**20**	
	50	06 685	06 700	14,9 244	99 776	**10**	
4	**0**	0,06 976	0,06 993	14,3 007	0,99 756	**0**	**86**
	10	07 266	07 285	13,7 267	99 736	**50**	
	20	07 556	07 578	13,1 969	99 714	**40**	
	30	07 846	07 870	12,7 062	99 692	**30**	
	40	08 136	08 163	12,2 505	99 668	**20**	
	50	08 426	08 456	11,8 262	99 644	**10**	
5	**0**	0,08 716	0,08 749	11,4 301	0,99 619	**0**	**85**
°	**′**	**Cosinus**	**Cotangt.**	**Tangente**	**Sinus**	**′**	**°**

B.

°	′	Sinus	Tangente	Cotangt.	Cosinus	′	°
5	**0**	0,08 716	0,08 749	11,43 005	0,99 619	**0**	**85**
	10	09 005	09 042	11,05 943	99 594	**50**	
	20	09 295	09 335	10,71 191	99 567	**40**	
	30	09 585	09 629	10,38 540	99 540	**30**	
	40	09 874	09 923	10,07 803	99 511	**20**	
	50	10 164	10 216	9,78 817	99 482	**10**	
6	**0**	0,10 453	0,10 510	9,51 436	0,99 452	**0**	**84**
	10	10 742	10 805	9,25 530	99 421	**50**	
	20	11 031	11 099	9,00 983	99 390	**40**	
	30	11 320	11 394	8,77 689	99 357	**30**	
	40	11 609	11 688	8,55 555	99 324	**20**	
	50	11 898	11 983	8,34 496	99 290	**10**	
7	**0**	0,12 187	0,12 278	8,14 435	0,99 255	**0**	**83**
	10	12 476	12 574	7,95 302	99 219	**50**	
	20	12 764	12 869	7,77 035	99 182	**40**	
	30	13 053	13 165	7,59 575	99 144	**30**	
	40	13 341	13 461	7,42 871	99 106	**20**	
	50	13 629	13 758	7,26 873	99 067	**10**	
8	**0**	0,13 917	0,14 054	7,11 537	0,99 027	**0**	**82**
	10	14 205	14 351	6,96 823	98 986	**50**	
	20	14 493	14 648	6,82 694	98 944	**40**	
	30	14 781	14 945	6,69 116	98 902	**30**	
	40	15 069	15 243	6,56 055	98 858	**20**	
	50	15 356	15 540	6,43 484	98 814	**10**	
9	**0**	0,15 643	0,15 838	6,31 375	0,98 769	**0**	**81**
	10	15 931	16 137	6,19 703	98 723	**50**	
	20	16 218	16 435	6,08 444	98 676	**40**	
	30	16 505	16 734	5,97 576	98 629	**30**	
	40	16 792	17 033	5,87 080	98 580	**20**	
	50	17 078	17 333	5,76 937	98 531	**10**	
10	**0**	0,17 365	0,17 633	5,67 128	0,98 481	**0**	**80**
°	′	**Cosinus**	**Cotangt.**	**Tangente**	**Sinus**	′	°

B.

°	′	Sinus	Tangente	Cotangt.	Cosinus	′	°
10	**0**	0,17 365	0,17 633	5,67 128	0,98 481	**0**	**80**
	10	17 651	17 933	5,57 638	98 430	**50**	
	20	17 937	18 233	5,48 451	98 378	**40**	
	30	18 224	18 534	5,39 552	98 325	**30**	
	40	18 509	18 835	5,30 928	98 272	**20**	
	50	18 795	19 136	5,22 566	98 218	**10**	
11	**0**	0,19 081	0,19 438	5,14 455	0,98 163	**0**	**79**
	10	19 366	19 740	5,06 584	98 107	**50**	
	20	19 652	20 042	4,98 940	98 050	**40**	
	30	19 937	20 345	4,91 516	97 992	**30**	
	40	20 222	20 648	4,84 300	97 934	**20**	
	50	20 507	20 952	4,77 286	97 875	**10**	
12	**0**	0,20 791	0,21 256	4,70 463	0,97 815	**0**	**78**
	10	21 076	21 560	4,63 825	97 754	**50**	
	20	21 360	21 864	4,57 363	97 692	**40**	
	30	21 644	22 169	4,51 071	97 630	**30**	
	40	21 928	22 475	4,44 942	97 566	**20**	
	50	22 212	22 781	4,38 969	97 502	**10**	
13	**0**	0,22 495	0,23 087	4,33 148	0,97 437	**0**	**77**
	10	22 778	23 393	4,27 471	97 371	**50**	
	20	23 062	23 700	4,21 933	97 304	**40**	
	30	23 345	24 008	4,16 530	97 237	**30**	
	40	23 627	24 316	4,11 256	97 169	**20**	
	50	23 910	24 624	4,06 107	97 100	**10**	
14	**0**	0,24 192	0,24 933	4,01 078	0,97 030	**0**	**76**
	10	24 474	25 242	3,96 165	96 959	**50**	
	20	24 756	25 552	3,91 364	96 887	**40**	
	30	25 038	25 862	3,86 671	96 815	**30**	
	40	25 320	26 172	3,82 083	96 742	**20**	
	50	25 601	26 483	3,77 595	96 667	**10**	
15	**0**	0,25 882	0,26 795	3,73 205	0,96 593	**0**	**75**
°	′	**Cosinus**	**Cotangt.**	**Tangente**	**Sinus**	′	°

°	′	Sinus	Tangente	Cotangt.	Cosinus	′	°
15	**0**	0,25 882	0,26 795	3,73 205	0,96 593	**0**	**75**
	10	26 163	27 107	3,68 909	96 517	**50**	
	20	26 443	27 419	3,64 705	96 440	**40**	
	30	26 724	27 732	3,60 588	96 363	**30**	
	40	27 004	28 046	3,56 558	96 285	**20**	
	50	27 284	28 360	3,52 609	96 206	**10**	
16	**0**	0,27 564	0,28 675	3,48 741	0,96 126	**0**	**74**
	10	27 843	28 990	3,44 951	96 046	**50**	
	20	28 123	29 305	3,41 236	95 964	**40**	
	40	28 402	29 621	3,37 594	95 882	**30**	
	30	28 680	29 938	3,34 023	95 799	**20**	
	50	28 959	30 255	3,30 521	95 715	**10**	
17	**0**	0,29 237	0,30 573	3,27 085	0,95 630	**0**	**73**
	10	29 515	30 891	3,23 714	95 545	**50**	
	20	29 793	31 210	3,20 406	95 459	**40**	
	30	30 071	31 530	3,17 159	95 372	**30**	
	40	30 348	31 850	3,13 972	95 284	**20**	
	50	30 625	32 171	3,10 842	95 195	**10**	
18	**0**	0,30 902	0,32 492	3,07 768	0,95 106	**0**	**72**
	10	31 178	32 814	3,04 749	95 015	**50**	
	20	31 454	33 136	3,01 783	94 924	**40**	
	30	31 730	33 460	2,98 868	94 832	**30**	
	40	32 006	33 783	2,96 004	94 740	**20**	
	50	32 282	34 108	2,93 189	94 646	**10**	
19	**0**	0,32 557	0,34 433	2,90 421	0,94 552	**0**	**71**
	10	32 832	34 759	2,87 700	94 457	**50**	
	20	33 106	35 085	2,85 023	94 361	**40**	
	30	33 381	35 412	2,82 391	94 264	**30**	
	40	33 655	35 740	2,79 802	94 167	**20**	
	50	33 929	36 068	2,77 254	94 068	**10**	
20	**0**	0,34 202	0,36 397	2,74 748	0,93 969	**0**	**70**
°	′	Cosinus	Cotangt.	Tangente	Sinus	′	°

B.

°	′	Sinus	Tangente	Cotangt.	Cosinus	′	°
20	**0**	0,34 202	0,36 397	2,74 748	0,93 969	**0**	**70**
	10	34 475	36 727	2,72 281	93 869	**50**	
	20	34 748	37 057	2,69 853	93 769	**40**	
	30	35 021	37 388	2,67 462	93 667	**30**	
	40	35 293	37 720	2,65 109	93 565	**20**	
	50	35 565	38 053	2,62 791	93 462	**10**	
21	**0**	0,35 837	0,38 386	2,60 509	0,93 358	**0**	**69**
	10	36 108	38 721	2,58 261	93 253	**50**	
	20	36 379	39 055	2,56 046	93 148	**40**	
	30	36 650	39 391	2,53 865	93 042	**30**	
	40	36 921	39 727	2,51 715	92 935	**20**	
	50	37 191	40 065	2,49 597	92 827	**10**	
22	**0**	0,37 461	0,40 403	2,47 509	0,92 718	**0**	**68**
	10	37 730	40 741	2,45 451	92 609	**50**	
	20	37 999	41 081	2,43 422	92 499	**40**	
	30	38 268	41 421	2,41 421	92 388	**30**	
	40	38 537	41 763	2,39 449	92 276	**20**	
	50	38 805	42 105	2,37 504	92 164	**10**	
23	**0**	0,39 073	0,42 447	2,35 585	0,92 050	**0**	**67**
	10	39 341	42 791	2,33 693	91 936	**50**	
	20	39 608	43 136	2,31 826	91 822	**40**	
	30	39 875	43 481	2,29 984	91 706	**30**	
	40	40 142	43 828	2,28 167	91 590	**20**	
	50	40 408	44 175	2,26 374	91 472	**10**	
24	**0**	0,40 674	0,44 523	2,24 604	0,91 355	**0**	**66**
	10	40 939	44 872	2,22 857	91 236	**50**	
	20	41 204	45 222	2,21 132	91 116	**40**	
	30	41 469	45 573	2,19 430	90 996	**30**	
	40	41 734	45 924	2,17 749	90 875	**20**	
	50	41 998	46 277	2,16 090	90 753	**10**	
25	**0**	0,42 262	0,46 631	2,14 451	0,90 631	**0**	**65**
°	′	Cosinus	Cotangt.	Tangente	Sinus	′	°

B.

°	′	Sinus	Tangente	Cotangt.	Cosinus	′	°
25	**0**	0,42 262	0,46 631	2,14 451	0,90 631	**0**	**65**
	10	42 525	46 985	2,12 832	90 507	**50**	
	20	42 788	47 341	2,11 233	90 383	**40**	
	30	43 051	47 698	2,09 654	90 259	**30**	
	40	43 313	48 055	2,08 094	90 133	**20**	
	50	43 575	48 414	2,06 553	90 007	**10**	
26	**0**	0,43 837	0,48 773	2,05 030	0,89 879	**0**	**64**
	10	44 098	49 134	2,03 526	89 752	**50**	
	20	44 359	49 495	2,02 039	89 623	**40**	
	30	44 620	49 858	2,00 569	89 493	**30**	
	40	44 880	50 222	1,99 116	89 363	**20**	
	50	45 140	50 587	1,97 681	89 232	**10**	
27	**0**	0,45 399	0,50 953	1,96 261	0,89 101	**0**	**63**
	10	45 658	51 320	1,94 858	88 968	**50**	
	20	45 917	51 688	1,93 470	88 835	**40**	
	30	46 175	52 057	1,92 098	88 701	**30**	
	40	46 433	52 427	1,90 741	88 566	**20**	
	50	46 690	52 798	1,89 400	88 431	**10**	
28	**0**	0,46 947	0,53 171	1,88 073	0,88 295	**0**	**62**
	10	47 204	53 545	1,86 760	88 158	**50**	
	20	47 460	53 920	1,85 462	88 020	**40**	
	30	47 716	54 296	1,84 177	87 882	**30**	
	40	47 971	54 673	1,82 906	87 743	**20**	
	50	48 226	55 051	1,81 649	87 603	**10**	
29	**0**	0,48 481	0,55 431	1,80 405	0,87 462	**0**	**61**
	10	48 735	55 812	1,79 174	87 321	**50**	
	20	48 989	56 194	1,77 955	87 178	**40**	
	30	49 242	56 577	1,76 749	87 036	**30**	
	40	49 495	56 962	1,75 556	86 892	**20**	
	50	49 748	57 348	1,74 375	86 748	**10**	
30	**0**	0,50 000	0,57 735	1,73 205	0,86 603	**0**	**60**
°	′	Cosinus	Cotangt.	Tangente	Sinus	′	°

B.

°	′	Sinus	Tangente	Cotangt.	Cosinus	′	°
30	**0**	0,50 000	0,57 735	1,73 205	0,86 603	**0**	**60**
	10	50 252	58 124	1,72 047	86 457	**50**	
	20	50 503	58 513	1,70 901	86 310	**40**	
	30	50 754	58 905	1,69 766	86 163	**30**	
	40	51 004	59 297	1,68 643	86 015	**20**	
	50	51 254	59 691	1,67 530	85 866	**10**	
31	**0**	0,51 504	0,60 086	1,66 428	0,85 717	**0**	**59**
	10	51 753	60 483	1,65 337	85 567	**50**	
	20	52 002	60 881	1,64 256	85 416	**40**	
	30	52 250	61 280	1,63 185	85 264	**30**	
	40	52 498	61 681	1,62 125	85 112	**20**	
	50	52 745	62 083	1,61 074	84 959	**10**	
32	**0**	0,52 992	0,62 487	1,60 033	0,84 805	**0**	**58**
	10	53 238	62 892	1,59 002	84 650	**50**	
	20	53 484	63 299	1,57 981	84 495	**40**	
	30	53 730	63 707	1,56 969	84 339	**30**	
	40	53 975	64 117	1,55 966	84 182	**20**	
	50	54 220	64 528	1,54 972	84 025	**10**	
33	**0**	0,54 464	0,64 941	1,53 987	0,83 867	**0**	**57**
	10	54 708	65 355	1,53 010	83 708	**50**	
	20	54 951	65 771	1,52 043	83 549	**40**	
	30	55 194	66 189	1,51 084	83 389	**30**	
	40	55 436	66 608	1,50 133	83 228	**20**	
	50	55 678	67 028	1,49 190	83 066	**10**	
34	**0**	0,55 919	0,67 451	1,48 256	0,82 904	**0**	**56**
	10	56 160	67 875	1,47 330	82 741	**50**	
	20	56 401	68 301	1,46 411	82 577	**40**	
	30	56 641	68 728	1,45 501	82 413	**30**	
	40	56 880	69 157	1,44 598	82 248	**20**	
	50	57 119	69 588	1,43 703	82 082	**10**	
35	**0**	0,57 358	0,70 021	1,42 815	0,81 915	**0**	**55**
°	′	Cosinus	Cotangt.	Tangente	Sinus	′	°

B.

°	′	Sinus	Tangente	Cotangt.	Cosinus	′	°
35	**0**	0,57 358	0,70 021	1,42 815	0,81 915	**0**	**55**
	10	57 596	70 455	1,41 934	81 748	**50**	
	20	57 833	70 891	1,41 061	81 580	**40**	
	30	58 070	71 329	1,40 195	81 412	**30**	
	40	58 307	71 769	1,39 336	81 242	**20**	
	50	58 543	72 211	1,38 484	81 072	**10**	
36	**0**	0,58 779	0,72 654	1,37 638	0,80 902	**0**	**54**
	10	59 014	73 100	1,36 800	80 730	**50**	
	20	59 248	73 547	1,35 968	80 558	**40**	
	30	59 482	73 996	1,35 142	80 386	**30**	
	40	59 716	74 447	1,34 323	80 212	**20**	
	50	59 949	74 900	1,33 511	80 038	**10**	
37	**0**	0,60 182	0,75 355	1,32 704	0,79 864	**0**	**53**
	10	60 414	75 812	1,31 904	79 688	**50**	
	20	60 645	76 272	1,31 110	79 512	**40**	
	30	60 876	76 733	1,30 323	79 335	**30**	
	40	61 107	77 196	1,29 541	79 158	**20**	
	50	61 337	77 661	1,28 764	78 980	**10**	
38	**0**	0,61 566	0,78 129	1,27 994	0,78 801	**0**	**52**
	10	61 795	78 598	1,27 230	78 622	**50**	
	20	62 024	79 070	1,26 471	78 442	**40**	
	30	62 251	79 544	1,25 717	78 261	**30**	
	40	62 479	80 020	1,24 969	78 079	**20**	
	50	62 706	80 498	1,24 227	77 897	**10**	
39	**0**	0,62 932	0,80 978	1,23 490	0,77 715	**0**	**51**
	10	63 158	81 461	1,22 758	77 531	**50**	
	20	63 383	81 946	1,22 031	77 347	**40**	
	30	63 608	82 434	1,21 310	77 162	**30**	
	40	63 832	82 923	1,20 593	76 977	**20**	
	50	64 056	83 415	1,19 882	76 791	**10**	
40	**0**	0,64 279	0,83 910	1,19 175	0,76 604	**0**	**50**
°	′	**Cosinus**	**Cotangt.**	**Tangente**	**Sinus**	′	°

B.

°	′	Sinus	Tangente	Cotangt.	Cosinus	′	°
40	0	0,64 279	0,83 910	1,19 175	0,76 604	0	**50**
	10	64 501	84 407	1,18 474	76 417	50	
	20	64 723	84 906	1,17 777	76 229	40	
	30	64 945	85 408	1,17 085	76 041	30	
	40	65 166	85 912	1,16 398	75 851	20	
	50	65 386	86 419	1,15 715	75 661	10	
41	0	0,65 606	0,86 929	1,15 037	0,75 471	0	**49**
	10	65 825	87 441	1,14 363	75 280	50	
	20	66 044	87 955	1,13 694	75 088	40	
	30	66 262	88 473	1,13 029	74 896	30	
	40	66 480	88 992	1,12 369	74 703	20	
	50	66 697	89 515	1,11 713	74 509	10	
42	0	0,66 913	0,90 040	1,11 061	0,74 314	0	**48**
	10	67 129	90 569	1,10 414	74 120	50	
	20	67 344	91 099	1,09 770	73 924	40	
	30	67 559	91 633	1,09 131	73 728	30	
	40	67 773	92 170	1,08 496	73 531	20	
	50	67 987	92 709	1,07 864	73 333	10	
43	0	0,68 200	0,93 252	1,07 237	0,73 135	0	**47**
	10	68 412	93 797	1,06 613	72 937	50	
	20	68 624	94 345	1,05 994	72 737	40	
	30	68 835	94 896	1,05 378	72 537	30	
	40	69 046	95 451	1,04 766	72 337	20	
	50	69 256	96 008	1,04 158	72 136	10	
44	0	0,69 466	0,96 569	1,03 553	0,71 934	0	**46**
	10	69 675	97 133	1,02 952	71 732	50	
	20	69 883	97 700	1,02 355	71 529	40	
	30	70 091	98 270	1,01 761	71 325	30	
	40	70 298	98 843	1,01 170	71 121	20	
	50	70 505	99 420	1,00 583	70 916	10	
45	0	0,70 711	1,00 000	1,00 000	0,70 711	0	**45**
°	′	Cosinus	Cotangt.	Tangente	Sinus	′	°

M.	log sin	D. 1″	log tg	g. D. 1″	log ctg	log cos	M.
0	— ∞		— ∞		+ ∞	10,00 000	60
1	6,46 373	501·72	6,46 373	501·72	13,53 627	00 000	59
2	76 476	298·48	76 476	298·48	23 524	00 000	58
3	94 085	208·23	94 085	208·23	05 915	00 000	57
4	7,06 579	161·52	7,06 579	161·52	12,93 421	00 000	56
5	7,16 270	131·97	7,16 270	131·97	12,83 730	10,00 000	55
6	24 188	111·57	24 188	111·57	75 812	00 000	54
7	30 882	96·67	30 882	96·67	69 118	00 000	53
8	36 682	85·25	36 682	85·25	63 318	00 000	52
9	41 797	76·27	41 797	76·27	58 203	00 000	51
10	7,46 373	68·98	7,46 373	68·98	12,53 627	10,00 000	50
11	50 512	62·98	50 512	62·98	49 488	00 000	49
12	54 291	57·93	54 291	57·93	45 709	00 000	48
13	57 767	53·68	57 767	53·65	42 233	00 000	47
14	60 985	49·95	60 986	49·98	39 014	00 000	46
15	7,63 982	46·70	7,63 982	46·72	12,36 018	10,00 000	45
16	66 784	43·88	66 785	43·88	33 215	00 000	44
17	69 417	41·38	69 418	41·37	30 582	9,99 999	43
18	71 900	39·18	71 900	39·18	28 100	99 999	42
19	74 248	37·12	74 248	37·13	25 752	99 999	41
20	7,76 475	35·32	7,76 476	35·32	12,23 524	9,99 999	40
21	78 594	33·68	78 595	33·67	21 405	99 999	39
22	80 615	32·17	80 615	32·18	19 385	99 999	38
23	82 545	30·80	82 546	30·80	17 454	99 999	37
24	84 393	29·55	84 394	29·55	15 606	99 999	36
25	7,86 166	28·40	7,86 167	28·40	12,13 833	9,99 999	35
26	87 870	27·32	87 871	27·32	12 129	99 999	34
27	89 509	26·32	89 510	26·32	10 490	99 999	33
28	91 088	25·40	91 089	25·40	08 911	99 999	32
29	92 612	24·58	92 613	24·55	07 387	99 998	31
30	94 084		94 086		05 914	99 998	30
M.	log cos	D. 1″	log ctg	g. D. 1″	log tg	log sin	M.

M.	log sin	D. 1″	log tg	g.D. 1″	log ctg	log cos	M.
30	7,94 084	23·73	7,94 086	23·73	12,05 914	9,99 998	30
31	95 508	22·98	95 510	22·98	04 490	99 998	29
32	96 887	22·27	96 889	22·27	03 111	99 998	28
33	98 223	21·62	98 225	21·62	01 775	99 998	27
34	99 520	20·98	99 522	20·98	00 478	99 998	26
35	8,00 779	20·38	8,00 781	20·38	11,99 219	9,99 998	25
36	02 002	19·83	02 004	19·83	97 996	99 998	24
37	03 192	19·30	03 194	19·32	96 806	99 997	23
38	04 350	18·80	04 353	18·80	95 647	99 997	22
39	05 478	18·33	05 481	18·33	94 519	99 997	21
40	8,06 578	17·87	8,06 581	17·87	11,93 419	9,99 997	20
41	07 650	17·43	07 653	17·45	92 347	99 997	19
42	08 696	17·03	08 700	17·03	91 300	99 997	18
43	09 718	16·65	09 722	16·63	90 278	99 997	17
44	10 717	16·27	10 720	16·27	89 280	99 996	16
45	8,11 693	15·90	8,11 696	15·92	11,88 304	9,99 996	15
46	12 647	15·57	12 651	15·57	87 349	99 996	14
47	13 581	15·23	13 585	15·25	86 415	99 996	13
48	14 495	14·93	14 500	14·92	85 500	99 996	12
49	15 391	14·62	15 395	14·63	84 605	99 996	11
50	8,16 268	14·33	8,16 273	14·33	11,83 727	9,99 995	10
51	17 128	14·05	17 133	14·05	82 867	99 995	9
52	17 971	13·78	17 976	13·80	82 024	99 995	8
53	18 798	13·53	18 804	13·53	81 196	99 995	7
54	19 610	13·28	19 616	13·28	80 384	99 995	6
55	8,20 407	13·03	8,20 413	13·03	11,79 587	9,99 994	5
56	21 189	12·82	21 195	12·82	78 805	99 994	4
57	21 958	12·58	21 964	12·60	78 036	99 994	3
58	22 713	12·38	22 720	12·37	77 280	99 994	2
59	23 456	12·17	23 462	12·17	76 538	99 994	1
60	24 186		24 192		75 808	99 993	0
M.	log cos	D. 1″	log ctg	g.D. 1″	log tg	log sin	M.

M.	log sin	D. 1″	log tg	g. D. 1″	log ctg	log cos	M.
0	8,24 186	11·95	8,24 192	11·97	11,75 808	9,99 993	60
1	24 903	11·77	24 910	11·77	75 090	99 993	59
2	25 609	11·58	25 616	11·60	74 384	99 993	58
3	26 304	11·40	26 312	11·40	73 688	99 993	57
4	26 988	11·22	26 996	11·22	73 004	99 992	56
5	8,27 661	11·05	8,27 669	11·05	11,72 331	9,99 992	55
6	28 324	10·88	28 332	10·90	71 668	99 992	54
7	28 977	10·73	28 986	10·72	71 014	99 992	53
8	29 621	10·57	29 629	10·57	70 371	99 992	52
9	30 255	10·40	30 263	10·42	69 737	99 991	51
10	8,30 879	10·27	8,30 888	10·28	11,69 112	9,99 991	50
11	31 495	10·13	31 505	10·12	68 495	99 991	49
12	32 103	9·98	32 112	9·98	67 888	99 990	48
13	32 702	9·83	32 711	9·85	67 289	99 990	47
14	33 292	9·72	33 302	9·73	66 698	99 990	46
15	8,33 875	9·58	8,33 886	9·58	11,66 114	9,99 990	45
16	34 450	9·47	34 461	9·47	65 539	99 989	44
17	35 018	9·33	35 029	9·35	64 971	99 989	43
18	35 578	9·22	35 590	9·22	64 410	99 989	42
19	36 131	9·12	36 143	9·10	63 857	99 989	41
20	8,36 678	8·98	8,36 689	9·00	11,63 311	9,99 988	40
21	37 217	8·88	37 229	8·88	62 771	99 988	39
22	37 750	8·77	37 762	8·78	62 238	99 988	38
23	38 276	8·67	38 289	8·67	61 711	99 987	37
24	38 796	8·57	38 809	8·57	61 191	99 987	36
25	8,39 310	8·47	8,39 323	8·48	11,60 677	9,99 987	35
26	39 818	8·37	39 832	8·37	60 168	99 986	34
27	40 320	8·27	40 334	8·27	59 666	99 986	33
28	40 816	8·18	40 830	8·18	59 170	99 986	32
29	41 307	8·08	41 321	8·10	58 679	99 985	31
30	41 792		41 807		58 193	99 985	30
M.	log cos	D. 1″	log ctg	g. D. 1″	log tg	log sin	M.

M.	log sin	D. 1″	log tg	g. D. 1″	log ctg	log cos	M.
30	8,41 792	8·00	8,41 807	8·00	11,58 193	9,99 985	30
31	42 272	7·90	42 287	7·92	57 713	99 985	29
32	42 746	7·83	42 762	7·83	57 238	99 984	28
33	43 216	7·73	43 232	7·74	56 768	99 984	27
34	43 680	7·65	43 696	7·67	56 304	99 984	26
35	8,44 139	7·58	8,44 156	7·58	11,55 844	9,99 983	25
36	44 594	7·50	44 611	7·50	55 389	99 983	24
37	45 044	7·42	45 061	7·43	54 939	99 983	23
38	45 489	7·35	45 507	7·35	54 493	99 982	22
39	45 930	7·27	45 948	7·28	54 052	99 982	21
40	8,46 366	7·22	8,46 385	7·20	11,53 615	9,99 982	20
41	46 799	7·12	46 817	7·13	53 183	99 981	19
42	47 226	7·07	47 245	7·07	52 755	99 981	18
43	47 650	6·98	47 669	7·00	52 331	99 981	17
44	48 069	6·93	48 089	6·93	51 911	99 980	16
45	8,48 485	6·85	8,48 505	6·87	11,51 495	9,99 980	15
46	48 896	6·80	48 917	6·80	51 083	99 979	14
47	49 304	6·73	49 325	6·73	50 675	99 979	13
48	49 708	6·67	49 729	6·68	50 271	99 979	12
49	50 108	6·60	50 130	6·62	49 870	99 978	11
50	8,50 504	6·55	8,50 527	6·55	11,49 473	9,99 978	10
51	50 897	6·50	50 920	6·50	49 080	99 977	9
52	51 287	6·43	51 310	6·43	48 690	99 977	8
53	51 673	6·37	51 696	6·38	48 304	99 977	7
54	52 055	6·32	52 079	6·33	47 921	99 976	6
55	8,52 434	6·27	8,52 459	6·27	11,47 541	9,99 976	5
56	52 810	6·22	52 835	6·22	47 165	99 975	4
57	53 183	6·15	53 208	6·17	46 792	99 975	3
58	53 552	6·12	53 578	6·12	46 422	99 974	2
59	53 919	6·05	53 945	6·05	46 055	99 974	1
60	54 282		54 308		45 692	99 974	0
M.	log cos	D. 1″	log ctg	g. D. 1″	log tg	log sin	M.

M.	log sin	D. 1″	log tg	g. D. 1″	log ctg	log cos	D. 1″	M.
0	8,54 282	5·97	8,54 308	5·99	11,45 692	9,99 974	0·01	60
2	54 999	5·88	55 027	5·89	44 973	99 973	0·01	58
4	55 705	5·79	55 734	5·79	44 266	99 972	0·01	56
6	56 400	5·70	56 429	5·71	43 571	99 971	0·01	54
8	57 084	5·61	57 114	5·62	42 886	99 970	0·01	52
10	8,57 757	5·52	8,57 788	5·58	11,42 212	9,99 969	0·01	50
12	58 419	5·44	58 451	5·45	41 549	99 968	0·01	48
14	59 072	5·36	59 105	5·37	40 895	99 967	0·01	46
16	59 715	5·28	59 749	5·29	40 251	99 966	0·01	44
18	60 349	5·20	60 384	5·21	39 616	99 965	0·01	42
20	8,60 973	5·18	8,61 009	5·14	11,38 991	9,99 964	0·01	40
22	61 589	5·06	61 626	5·07	38 374	99 963	0·01	38
24	62 196	4·99	62 234	5·00	37 766	99 962	0·01	36
26	62 795	4·92	62 834	4·93	37 166	99 961	0·01	34
28	63 385	4·86	63 426	4·86	36 574	99 960	0·01	32
30	8,63 968	4·79	8,64 009	4·80	11,35 991	9,99 959	0·01	30
32	64 543	4·73	64 585	4·74	35 415	99 958	0·01	28
34	65 110	4·67	65 154	4·68	34 846	99 956	0·01	26
36	65 670	4·61	65 715	4·62	34 285	99 955	0·01	24
38	66 223	4·55	66 269	4·56	33 731	99 954	0·01	22
40	8,66 769	4·49	8,66 816	4·50	11,33 184	9,99 953	0·01	20
42	67 308	4·44	67 356	4·45	32 644	99 952	0·01	18
44	67 841	4·38	67 890	4·39	32 110	99 951	0·02	16
46	68 367	4·33	68 417	4·34	31 583	99 949	0·01	14
48	68 886	4·28	68 938	4·29	31 062	99 948	0·01	12
50	8,69 400	4·23	8,69 453	4·24	11,30 547	9,99 947	0·01	10
52	69 907	4·18	69 962	4·19	30 038	99 946	0·02	8
54	70 409	4·13	70 465	4·14	29 535	99 944	0·01	6
56	70 905	4·08	70 962	4·09	29 038	99 943	0·01	4
58	71 395	4·04	71 453	4·06	28 547	99 942	0·02	2
60	71 880		71 940		28 060	99 940		0
M.	log cos	D. 1″	log ctg	g. D. 1″	log tg	log sin	D. 1″	M.

3° **C.**

M.	log sin	D. 1″	log tg	g.D.1″	log ctg	log cos	D. 1″	M.
0	8,71 880	3·99	8,71 940	4·00	11,28 060	9,99 940	0·01	60
2	72 359	3·96	72 420	3·97	27 580	99 939	0·01	58
4	72 834	3·91	72 896	3·92	27 104	99 938	0·02	56
6	73 303	3·87	73 366	3·88	26 634	99 936	0·01	54
8	73 767	3·83	73 832	3·83	26 168	99 935	0·01	52
10	8,74 226	3·78	8,74 292	3·80	11,25 708	9,99 934	0·02	50
12	74 680	3·75	74 748	3·76	25 252	99 932	0·01	48
14	75 130	3·71	75 199	3·72	24 801	99 931	0·02	46
16	75 575	3·67	75 645	3·68	24 355	99 929	0·01	44
18	76 015	3·63	76 087	3·65	23 913	99 928	0·02	42
20	8,76 451	3·60	8,76 525	3·61	11,23 475	9,99 926	0·01	40
22	76 883	3·56	76 958	3·58	23 042	99 925	0·02	38
24	77 310	3·53	77 387	3·53	22 613	99 923	0·01	36
26	77 733	3·49	77 811	3·51	22 189	99 922	0·02	34
28	78 152	3·47	78 232	3·48	21 768	99 920	0·01	32
30	8,78 568	3·43	8,78 649	3·43	11,21 351	9,99 919	0·02	30
32	78 979	3·39	79 061	3·41	20 939	99 917	0·01	28
34	79 386	3·36	79 470	3·38	20 530	99 916	0·02	26
36	79 789	3·33	79 875	3·35	20 125	99 914	0·01	24
38	80 189	3·30	80 277	3·31	19 723	99 913	0·02	22
40	8,80 585	3·28	8,80 674	3·28	11,19 326	9,99 911	0·02	20
42	80 978	3·24	81 068	3·26	18 932	99 909	0·01	18
44	81 367	3·21	81 459	3·23	18 541	99 908	0·02	16
46	81 752	3·18	81 846	3·20	18 154	99 906	0·02	14
48	82 134	3·16	82 230	3·17	17 770	99 904	0·01	12
50	8,82 513	3·13	8,82 610	3·14	11,17 390	9,99 903	0·02	10
52	82 888	3·11	82 987	3·12	17 013	99 901	0·02	8
54	83 261	3·08	83 361	3·09	16 639	99 899	0·01	6
56	83 630	3·05	83 732	3·07	16 268	99 898	0·02	4
58	83 996	3·02	84 100	3·03	15 900	99 896	0·02	2
60	84 358		84 464		15 536	99 894		0
M.	log cos	D. 1″	log ctg	g.D.1″	log tg	log sin	D. 1″	M.

 86°

M.	log sin	D.1″	log tg	g.D.1″	log ctg	log cos	D.1″	M.
0	8,84 358	3·00	8,84 464	3·02	11,15 536	9,99 894	0·02	60
2	84 718	2·98	84 826	2·99	15 174	99 892	0·01	58
4	85 075	2·95	85 185	2·96	14 815	99 891	0·02	56
6	85 429	2·93	85 540	2·94	14 460	99 889	0·02	54
8	85 780	2·90	85 893	2·92	14 107	99 887	0·02	52
10	8,86 128	2·88	8,86 243	2·90	11,13 757	9,99 885	0·02	50
12	86 474	2·85	86 591	2·87	13 409	99 883	0·02	48
14	86 816	2·83	86 935	2·85	13 065	99 881	0·02	46
16	87 156	2·82	87 277	2·83	12 723	99 879	0·01	44
18	87 494	2·79	87 616	2·81	12 384	99 878	0·02	42
20	8,87 829	2·77	8,87 953	2·78	11,12 047	9,99 876	0·02	40
22	88 161	2·74	88 287	2·76	11 713	99 874	0·02	38
24	88 490	2·73	88 618	2·75	11 382	99 872	0·02	36
26	88 817	2·71	88 948	2·72	11 052	99 870	0·02	34
28	89 142	2·68	89 274	2·70	10 726	99 868	0·02	32
30	8,89 464	2·67	8,89 598	2·68	11,10 402	9,99 866	0·02	30
32	89 784	2·65	89 920	2·67	10 080	99 864	0·02	28
34	90 102	2·63	90 240	2·64	09 760	99 862	0·02	26
36	90 417	2·61	90 557	2·63	09 443	99 860	0·02	24
38	90 730	2·58	90 872	2·61	09 128	99 858	0·02	22
40	8,91 040	2·57	8,91 185	2·58	11,08 815	9,99 856	0·02	20
42	91 349	2·55	91 495	2·57	08 505	99 854	0·02	18
44	91 655	2·53	91 803	2·56	08 197	99 852	0·02	16
46	91 959	2·52	92 110	2·53	07 890	99 850	0·03	14
48	92 261	2·50	92 414	2·52	07 586	99 847	0·02	12
50	8,92 561	2·48	8,92 716	2·50	11,07 284	9,99 845	0·02	10
52	92 859	2·46	93 016	2·48	06 984	99 843	0·02	8
54	93 154	2·45	93 313	2·47	06 687	99 841	0·02	6
56	93 448	2·43	93 609	2·45	06 391	99 839	0·02	4
58	93 740	2·42	93 903	2·43	06 097	99 837	0·03	2
60	94 030		94 195		05 805	99 834		0
M.	log cos	D.1″	log ctg	g.D.1″	log tg	log sin	D.1″	M.

M.	log sin	D. 1″	log tg	g. D. 1″	log ctg	log cos	D. 1″	M.
0	8,94 030		8,94 195		11,05 805	9,99 834		60
		2·39		2·42			0·02	
2	94 317		94 485		05 515	99 832		58
		2·38		2·40			0·02	
4	94 603		94 773		05 227	99 830		56
		2·37		2·39			0·02	
6	94 887		95 060		04 940	99 828		54
		2·36		2·37			0·03	
8	95 170		95 344		04 656	99 825		52
		2·33		2·36			0·02	
10	8,95 450		8,95 627		11,04 373	9,99 823		50
		2·32		2·34			0·02	
12	95 728		95 908		04 092	99 821		48
		2·31		2·33			0·02	
14	96 005		96 187		03 813	99 819		46
		2·29		2·31			0·03	
16	96 280		96 464		03 536	99 816		44
		2·28		2·29			0·02	
18	96 553		96 739		03 261	99 814		42
		2·27		2·28			0·02	
20	8,96 825		8,97 013		11,02 987	9,99 812		40
		2·25		2·27			0·03	
22	97 095		97 285		02 715	99 809		38
		2·23		2·26			0·02	
24	97 363		97 556		02 444	99 807		36
		2·22		2·24			0·03	
26	97 629		97 825		02 175	99 804		34
		2·21		2·23			0·02	
28	97 894		98 092		01 908	99 802		32
		2·19		2·22			0·02	
30	8,98 157		8,98 358		11,01 642	9,99 800		30
		2·18		2·20			0·03	
32	98 419		98 622		01 378	99 797		28
		2·17		2·18			0·02	
34	98 679		98 884		01 116	99 795		26
		2·15		2·17			0·03	
36	98 937		99 145		00 855	99 792		24
		2·14		2·17			0·02	
38	99 194		99 405		00 595	99 790		22
		2·13		2·14			0·03	
40	8,99 450		8,99 662		11,00 338	9,99 787		20
		2·12		2·14			0·02	
42	99 704		99 919		00 081	99 785		18
		2·10		2·13			0·03	
44	99 956		9,00 174		10,99 826	99 782		16
		2·09		2·11			0·02	
46	9,00 207		00 427		99 573	99 780		14
		2·08		2·10			0·03	
48	00 456		00 679		99 321	99 777		12
		2·07		2·09			0·02	
50	9,00 704		9,00 930		10,99 070	9,99 775		10
		2·06		2·08			0·03	
52	00 951		01 179		98 821	99 772		8
		2·04		2·07			0·03	
54	01 196		01 427		98 573	99 769		6
		2·03		2·05			0·02	
56	01 440		01 673		98 327	99 767		4
		2·02		2·04			0·03	
58	01 682		01 918		98 082	99 764		2
		2·01		2·03			0·03	
60	01 923		02 162		97 838	99 761		0
M.	log cos	D. 1″	log ctg	g. D. 1″	log tg	log sin	D. 1″	M.

6° **C.**

M.	log sin	D. 1″	log tg	g. D. 1″	log ctg	log cos	D. 1″	M.
0	9,01 923		9,02 162		10,97 838	9,99 761		**60**
		2·00		2·02			0·02	
2	02 163		02 404		97 596	99 759		**58**
		1·99		2·01			0·03	
4	02 402		02 645		97 355	99 756		**56**
		1·98		2·00			0·03	
6	02 639		02 885		97 115	99 753		**54**
		1·96		1·99			0·02	
8	02 874		03 124		96 876	99 751		**52**
		1·96		1·98			0·03	
10	9,03 109		9,03 361		10,96 639	9,99 748		**50**
		1·94		1·97			0·03	
12	03 342		03 597		96 403	99 745		**48**
		1·93		1·96			0·03	
14	03 574		03 832		96 168	99 742		**46**
		1·93		1·94			0·03	
16	03 805		04 065		95 935	99 740		**44**
		1·91		1·93			0·03	
18	04 034		04 297		95 703	99 737		**42**
		1·90		1·93			0·03	
20	9,04 262		9,04 528		10,95 472	9,99 734		**40**
		1·90		1·92			0·03	
22	04 490		04 758		95 242	99 731		**38**
		1·88		1·91			0·03	
24	04 715		04 987		95 013	99 728		**36**
		1·88		1·89			0·02	
26	04 940		05 214		94 786	99 726		**34**
		1·87		1·89			0·03	
28	05 164		05 441		94 559	99 723		**32**
		1·85		1·88			0·03	
30	9,05 386		9,05 666		10,94 334	9,99 720		**30**
		1·84		1·87			0·03	
32	05 607		05 890		94 110	99 717		**28**
		1·83		1·86			0·03	
34	05 827		06 113		93 887	99 714		**26**
		1·83		1·85			0·03	
36	06 046		06 335		93 665	99 711		**24**
		1·82		1·84			0·03	
38	06 264		06 556		93 444	99 708		**22**
		1·81		1·83			0·03	
40	9,06 481		9,06 775		10,93 225	9,99 705		**20**
		1·79		1·83			0·03	
42	06 696		06 994		93 006	99 702		**18**
		1·79		1·81			0·03	
44	06 911		07 211		92 789	99 699		**16**
		1·78		1·81			0·03	
46	07 124		07 428		92 572	99 696		**14**
		1·78		1·79			0·03	
48	07 337		07 643		92 357	99 693		**12**
		1·76		1·79			0·03	
50	9,07 548		9,07 858		10,92 142	9,99 690		**10**
		1·75		1·78			0·03	
52	07 758		08 071		91 929	99 687		**8**
		1·75		1·77			0·03	
54	07 968		08 283		91 717	99 684		**6**
		1·73		1·77			0·03	
56	08 176		08 495		91 505	99 681		**4**
		1·73		1·75			0·03	
58	08 383		08 705		91 295	99 678		**2**
		1·72		1·74			0·03	
60	08 589		08 914		91 086	99 675		**0**
M.	log cos	D. 1″	log ctg	g. D. 1″	log tg	log sin	D. 1″	M.

83°

M.	log sin	D. 1″	log tg	g.D. 1″	log ctg	log cos	D. 1″	M.
0	9,08 589	1·72	9,089 14	1·74	10,91 086	9,99 675	0·03	60
2	08 795	1·70	091 23	1·73	90 877	99 672	0·03	58
4	08 999	1·69	093 30	1·73	90 670	99 669	0·03	56
6	09 202	1·69	095 37	1·71	90 463	99 666	0·03	54
8	09 405	1·68	097 42	1·71	90 258	99 663	0·03	52
10	9,09 606	1·68	9,09 947	1·69	10,90 053	9,99 659	0·03	50
12	09 807	1·66	10 150	1·69	89 850	99 656	0·03	48
14	10 006	1·66	10 353	1·68	89 647	99 653	0·03	46
16	10 205	1·64	10 555	1·68	89 445	99 650	0·03	44
18	10 402	1·64	10 756	1·67	89 244	99 647	0·03	42
20	9,10 599	1·63	9,10 956	1·66	10,89 044	9,99 643	0·03	40
22	10 795	1·63	11 155	1·65	88 845	99 640	0·03	38
24	10 990	1·62	11 353	1·65	88 647	99 637	0·03	36
26	11 184	1·61	11 551	1·63	88 449	99 633	0·03	34
28	11 377	1·61	11 747	1·63	88 253	99 630	0·03	32
30	9,11 570	1·59	9,11 943	1·63	10,88 057	9,99 627	0·03	30
32	11 761	1·59	12 138	1·62	87 862	99 624	0·03	28
34	11 952	1·58	12 332	1·61	87 668	99 620	0·03	26
36	12 142	1·58	12 525	1·60	87 475	99 617	0·03	24
38	12 331	1·57	12 717	1·60	87 283	99 613	0·03	22
40	9,12 519	1·56	9,12 909	1·58	10,87 091	9,99 610	0·03	20
42	12 706	1·55	13 099	1·58	86 901	99 607	0·03	18
44	12 892	1·55	13 289	1·58	86 711	99 603	0·03	16
46	13 078	1·54	13 478	1·58	86 522	99 600	0·03	14
48	13 263	1·53	13 667	1·56	86 333	99 596	0·03	12
50	9,13 447	1·53	9,13 854	1·56	10,86 146	9,99 593	0·03	10
52	13 630	1·53	14 041	1·55	85 959	99 589	0·03	8
54	13 813	1·51	14 227	1·54	85 773	99 586	0·03	6
56	13 994	1·51	14 412	1·54	85 588	99 582	0·03	4
58	14 175	1·51	14 597	1·53	85 403	99 579	0·03	2
60	14 356		14 780		85 220	99 575		0
M.	log cos	D. 1″	log ctg	g.D. 1″	log tg	log sin	D. 1″	M.

M.	log sin	D. 1″	log tg	g.D. 1″	log ctg	log cos	D. 1″	M.
0	9,14 356	1·49	9,14 780	1·53	10,85 220	9,99 575	0·03	60
2	14 535	1·49	14 963	1·52	85 037	99 572	0·03	58
4	14 714	1·48	15 145	1·52	84 855	99 568	0·03	56
6	14 891	1·48	15 327	1·51	84 673	99 565	0·03	54
8	15 069	1·47	15 508	1·50	84 492	99 561	0·03	52
10	9,15 245	1·47	9,15 688	1·49	10,84 312	9,99 557	0·03	50
12	15 421	1·46	15 867	1·49	84 133	99 554	0·03	48
14	15 596	1·45	16 046	1·48	83 954	99 550	0·03	46
16	15 770	1·45	16 224	1·48	83 776	99 546	0·03	44
18	15 944	1·43	16 401	1·47	83 599	99 543	0·03	42
20	9,16 116	1·44	9,16 577	1·47	10,83 423	9,99 539	0·03	40
22	16 289	1·43	16 753	1·46	83 247	99 535	0·03	38
24	16 460	1·43	16 928	1·46	83 072	99 532	0·03	36
26	16 631	1·42	17 103	1·45	82 897	99 528	0·03	34
28	16 801	1·41	17 277	1·44	82 723	99 524	0·03	32
30	9,16 970	1·41	9,17 450	1·43	10,82 550	9,99 520	0·03	30
32	17 139	1·40	17 622	1·43	82 378	99 517	0·03	28
34	17 307	1·39	17 794	1·43	82 206	99 513	0·03	26
36	17 474	1·39	17 965	1·43	82 035	99 509	0·03	24
38	17 641	1·38	18 136	1·42	81 864	99 505	0·03	22
40	9,17 807	1·38	9,18 306	1·41	10,81 694	9,99 501	0·03	20
42	17 973	1·37	18 475	1·41	81 525	99 497	0·03	18
44	18 137	1·38	18 644	1·40	81 356	99 494	0·03	16
46	18 302	1·36	18 812	1·39	81 188	99 490	0·03	14
48	18 465	1·36	18 979	1·39	81 021	99 486	0·03	12
50	9,18 628	1·35	9,19 146	1·38	10,80 854	9,99 482	0·03	10
52	18 790	1·35	19 312	1·38	80 688	99 478	0·03	8
54	18 952	1·34	19 478	1·38	80 522	99 474	0·03	6
56	19 113	1·33	19 643	1·37	80 357	99 470	0·03	4
58	19 273	1·33	19 807	1·37	80 193	99 466	0·03	2
60	19 433		19 971		80 029	99 462		0
M.	log cos	D. 1″	log ctg	g.D. 1″	log tg	log sin	D. 1″	M.

81°

M.	log sin	D. 1″	log tg	g. D. 1″	log ctg	log cos	D. 1″	M.
0	9,19 433	1·33	9,19 971	1·36	10,80 029	9,99 462	0·03	60
2	19 592	1·33	20 134	1·36	79 866	99 458	0·03	58
4	19 751	1·32	20 297	1·35	79 703	99 454	0·03	56
6	19 909	1·32	20 459	1·35	79 541	99 450	0·03	54
8	20 067	1·30	20 621	1·34	79 379	99 446	0·03	52
10	9,20 223	1·31	9,20 782	1·33	10,79 218	9,99 442	0·03	50
12	20 380	1·29	20 942	1·33	79 058	99 438	0·03	48
14	20 535	1·30	21 102	1·33	78 898	99 434	0·04	46
16	20 691	1·28	21 261	1·33	78 739	99 429	0·03	44
18	20 845	1·28	21 420	1·32	78 580	99 425	0·03	42
20	9,20 999	1·28	9,21 578	1·32	10,78 422	9,99 421	0·03	40
22	21 153	1·28	21 736	1·31	78 264	99 417	0·03	38
24	21 306	1·27	21 893	1·30	78 107	99 413	0·03	36
26	21 458	1·27	22 049	1·30	77 951	99 409	0·04	34
28	21 610	1·26	22 205	1·30	77 795	99 404	0·03	32
30	9,21 761	1·26	9,22 361	1·29	10,77 639	9,99 400	0·03	30
32	21 912	1·25	22 516	1·28	77 484	99 396	0·03	28
34	22 062	1·24	22 670	1·28	77 330	99 392	0·03	26
36	22 211	1·25	22 824	1·28	77 176	99 388	0·04	24
38	22 361	1·23	22 977	1·28	77 023	99 383	0·03	22
40	9,22 509	1·23	9,23 130	1·28	10,76 870	9,99 379	0·03	20
42	22 657	1·23	23 283	1·27	76 717	99 375	0·04	18
44	22 805	1·23	23 435	1·26	76 565	99 370	0·03	16
46	22 952	1·22	23 586	1·26	76 414	99 366	0·03	14
48	23 098	1·22	23 737	1·25	76 263	99 362	0·04	12
50	9,23 244	1·22	9,23 887	1·25	10,76 113	9,99 357	0·03	10
52	23 390	1·21	24 037	1·24	75 963	99 353	0.04	8
54	23 535	1·20	24 186	1·24	75 814	99 348	0·03	6
56	23 679	1·20	24 335	1·24	75 665	99 344	0·03	4
58	23 823	1·20	24 484	1·23	75 516	99 340	0·04	2
60	23 967		24 632		75 368	99 335		0
M.	log cos	D. 1″	log ctg	g. D. 1″	log tg	log sin	D. 1″	M.

M.	log sin	D. 1″	log tg	g.D. 1″	log ctg	log cos	D. 1″	M.
0	9,23 967	1·19	9,24 632	1·23	10,75 368	9,99 335	0·03	60
2	24 110	1·19	24 779	1·23	75 221	99 331	0·04	58
4	24 253	1·18	24 926	1·23	75 074	99 326	0·03	56
6	24 395	1·18	25 073	1·22	74 927	99 322	0·04	54
8	24 536	1·18	25 219	1·22	74 781	99 317	0·03	52
10	9,24 677	1·18	9,25 365	1·21	10,74 635	9,99 313	0·04	50
12	24 818	1·17	25 510	1·21	74 490	99 308	0·03	48
14	24 958	1·17	25 655	1·20	74 345	99 304	0·04	46
16	25 098	1·16	25 799	1·20	74 201	99 299	0·04	44
18	25 237	1·16	25 943	1·19	74 057	99 294	0·03	42
20	9,25 376	1·15	9,26 086	1·19	10,73 914	9,99 290	0·04	40
22	25 514	1·15	26 229	1·19	73 771	99 285	0·03	38
24	25 652	1·15	26 372	1·18	73 628	99 281	0·04	36
26	25 790	1·14	26 514	1·18	73 486	99 276	0·04	34
28	25 927	1·13	26 655	1·18	73 345	99 271	0·03	32
30	9,26 063	1·13	9,26 797	1·17	10,73 203	9,99 267	0·04	30
32	26 199	1·13	26 937	1·17	73 063	99 262	0·04	28
34	26 335	1·13	27 078	1·17	72 922	99 257	0·04	26
36	26 470	1·13	27 218	1·16	72 782	99 252	0·03	24
38	26 605	1·12	27 357	1·16	72 643	99 248	0·04	22
40	9,26 739	1·12	9,27 496	1·16	10,72 504	9,99 243	0·04	20
42	26 873	1·12	27 635	1·15	72 365	99 238	0·04	18
44	27 007	1·11	27 773	1·15	72 227	99 233	0·03	16
46	27 140	1·11	27 911	1·15	72 089	99 229	0·04	14
48	27 273	1·10	28 049	1·14	71 951	99 224	0·04	12
50	9,27 405	1·10	9,28 186	1·14	10,71 814	9,99 219	0·04	10
52	27 537	1·09	28 323	1·13	71 677	99 214	0·04	8
54	27 668	1·09	28 459	1·13	71 541	99 209	0·04	6
56	27 799	1·09	28 595	1·13	71 405	99 204	0·03	4
58	27 930	1·08	28 730	1·13	71 270	99 200	0·04	2
60	28 060		28 865		71 135	99 195		0
M.	log cos	D. 1″	log ctg	g.D. 1″	log tg	log sin	D. 1″	M.

79°

M.	log sin	D. 1″	log tg	g. D. 1″	log ctg	log cos	D. 1″	M.
0	9,28 060	1·08	9,28 865	1·13	10,71 135	9,99 195	0·04	60
2	28 190	1·08	29 000	1·12	71 000	99 190	0·04	58
4	28 319	1·08	29 134	1·12	70 866	99 185	0·04	56
6	28 448	1·08	29 268	1·12	70 732	99 180	0·04	54
8	28 577	1·07	29 402	1·11	70 598	99 175	0·04	52
10	9,28 705	1·07	9,29 535	1·11	10,70 465	9,99 170	0·04	50
12	28 833	1·06	29 668	1·10	70 332	99 165	0·04	48
14	28 960	1·06	29 800	1·10	70 200	99 160	0·04	46
16	29 087	1·06	29 932	1·10	70 068	99 155	0·04	44
18	29 214	1·05	30 064	1·09	69 936	99 150	0·04	42
20	9,29 340	1·05	9,30 195	1·09	10,69 805	9,99 145	0·04	40
22	29 466	1·04	30 326	1·09	69 674	99 140	0·04	38
24	29 591	1·04	30 457	1·08	69 543	99 135	0·04	36
26	29 716	1·04	30 587	1·08	69 413	99 130	0·05	34
28	29 841	1·04	30 717	1·08	69 283	99 124	0·04	32
30	9,29 966	1·03	9,30 846	1·08	10,69 154	9,99 119	0·04	30
32	30 090	1·03	30 975	1·08	69 025	99 114	0·04	28
34	30 213	1·03	31 104	1·08	68 896	99 109	0·04	26
36	30 336	1·03	31 233	1·07	68 767	99 104	0·04	24
38	30 459	1·03	31 361	1·07	68 639	99 099	0·05	22
40	9,30 582	1·02	9,31 489	1·06	10,68 511	9,99 093	0·04	20
42	30 704	1·02	31 616	1·06	68 384	99 088	0·04	18
44	30 826	1·01	31 743	1·06	68 257	99 083	0·04	16
46	30 947	1·01	31 870	1·05	68 130	99 078	0·05	14
48	31 068	1·01	31 996	1·05	68 004	99 072	0·04	12
50	9,31 189	1·01	9,32 122	1·05	10,67 878	9,99 067	0·04	10
52	31 310	1·00	32 248	1·04	67 752	99 062	0·05	8
54	31 430	0·99	32 373	1·04	67 627	99 056	0·04	6
56	31 549	1·00	32 498	1·04	67 502	99 051	0·04	4
58	31 669	0·99	32 623	1·03	67 377	99 046	0·05	2
60	31 788		32 747		67 253	99 040		0
M.	log cos	D. 1″	log ctg	g. D. 1″	log tg	log sin	D. 1″	M.

M.	log sin	D. 1″	log tg	g.D.1″	log ctg	log cos	D. 1″	M.
0	9,31 788	0·99	9,32 747	1·04	10,67 253	9,99 040	0·04	60
2	31 907	0·98	32 872	1·03	67 128	99 035	0·04	58
4	32 025	0·98	32 995	1·03	67 005	99 030	0·05	56
6	32 143	0·98	33 119	1·03	66 881	99 024	0·04	54
8	32 261	0·98	33 242	1·03	66 758	99 019	0·05	52
10	9,32 378	0·98	9,33 365	1·02	10,66 635	9,99 013	0·04	50
12	32 495	0·98	33 487	1·02	66 513	99 008	0·05	48
14	32 612	0·97	33 609	1·02	66 391	99 002	0·04	46
16	32 728	0·97	33 731	1·02	66 269	98 997	0·05	44
18	32 844	0·97	33 853	1·01	66 147	98 991	0·04	42
20	9,32 960	0·96	9,33 974	1·01	10,66 026	9,98 986	0·05	40
22	33 075	0·96	34 095	1·00	65 905	98 980	0·04	38
24	33 190	0·96	34 215	1·01	65 785	98 975	0·05	36
26	33 305	0·96	34 336	1·00	65 664	98 969	0·04	34
28	33 420	0·95	34 456	1·00	65 544	98 964	0·05	32
30	9,33 534	0·94	9,34 576	0·99	10,65 424	9,98 958	0·04	30
32	33 647	0·95	34 695	0·99	65 305	98 953	0·05	28
34	33 761	0·94	34 814	0·99	65 186	98 947	0·05	26
36	33 874	0·94	34 933	0·98	65 067	98 941	0·04	24
38	33 987	0·94	35 051	0·99	64 949	98 936	0·05	22
40	9,34 100	0·93	9,35 170	0·98	10,64 830	9,98 930	0·05	20
42	34 212	0·93	35 288	0·98	64 712	98 924	0·04	18
44	34 324	0·93	35 405	0·98	64 595	98 919	0·05	16
46	34 436	0·93	35 523	0·98	64 477	98 913	0·05	14
48	34 547	0·93	35 640	0·98	64 360	98 907	0·05	12
50	9,34 658	0·93	9,35 757	0·97	10,64 243	9,98 901	0·04	10
52	34 769	0·92	35 873	0·97	64 127	98 896	0·05	8
54	34 879	0·92	35 989	0·97	64 011	98 890	0·05	6
56	34 989	0·92	36 105	0·97	63 895	98 884	0·05	4
58	35 099	0·92	36 221	0·96	63 779	98 878	0·05	2
60	35 209		36 336		63 664	98 872		0
M.	log cos	D. 1″	log ctg	g.D.1″	log tg	log sin	D. 1″	M.

M.	log sin	D. 1″	log tg	g. D. 1″	log ctg	log cos	D. 1″	M.
0	9,35 209	0·91	9,36 336	0·97	10,63 664	9,98 872	0·04	60
2	35 310	0·91	36 452	0·95	63 548	98 867	0·05	58
4	35 427	0·91	36 566	0·96	63 434	98 861	0·05	56
6	35 536	0·90	36 681	0·95	63 319	98 855	0·05	54
8	35 644	0·90	36 795	0·95	63 205	98 849	0·05	52
10	9,35 752	0·90	9,36 909	0·95	10,63 091	9,98 843	0·05	50
12	35 860	0·90	37 023	0·95	62 977	98 837	0·05	48
14	35 968	0·89	37 137	0·94	62 863	98 831	0·05	46
16	36 075	0·89	37 250	0·94	62 750	98 825	0·05	44
18	36 182	0·89	37 363	0·94	62 637	98 819	0·05	42
20	9,36 289	0·88	9,37 476	0·93	10,62 524	9,98 813	0·05	40
22	36 395	0·89	37 588	0·93	62 412	98 807	0·05	38
24	36 502	0·88	37 700	0·93	62 300	98 801	0·05	36
26	36 608	0·88	37 812	0·93	62 188	98 795	0·05	34
28	36 713	0·88	37 924	0·93	62 076	98 789	0·05	32
30	9,36 819	0·88	9,38 035	0·93	10,61 965	9,98 783	0·05	30
32	36 924	0·87	38 147	0·92	61 853	98 777	0·05	28
34	37 028	0·87	38 257	0·93	61 743	98 771	0·05	26
36	37 133	0·87	38 368	0·93	61 632	98 765	0·05	24
38	37 237	0·87	38 479	0·92	61 521	98 759	0·05	22
40	9,37 341	0·87	9,38 589	0·92	10,61 411	9,98 753	0·05	20
42	37 445	0·87	38 699	0·91	61 301	98 746	0·05	18
44	37 549	0·86	38 808	0·92	61 192	98 740	0·05	16
46	37 652	0·86	38 918	0·91	61 082	98 734	0·05	14
48	37 755	0·86	39 027	0·91	60 973	98 728	0·05	12
50	9,37 858	0·85	9,39 136	0·91	10,60 864	9,98 722	0·06	10
52	37 960	0·85	39 245	0·90	60 755	98 715	0·05	8
54	38 062	0·85	39 353	0·90	60 647	98 709	0·05	6
56	38 164	0·85	39 461	0·90	60 539	98 703	0·05	4
58	38 266	0·85	39 569	0·90	60 431	98 697	0·06	2
60	38 368		39 677		60 323	98 690		0
M.	log cos	D. 1″	log ctg	g. D. 1″	log tg	log sin	D. 1″	M.

M.	log sin	D. 1″	log tg	g. D. 1″	log ctg	log cos	D. 1″	M.
0	9,38 368	0·84	9,39 677	0·90	10,60 323	9,98 690	0·05	**60**
2	38 469	0·84	39 785	0·89	60 215	98 684	0·05	**58**
4	38 570	0·83	39 892	0·89	60 108	98 678	0·06	**56**
6	38 670	0·84	39 999	0·89	60 001	98 671	0·05	**54**
8	38 771	0·83	40 106	0·88	59 894	98 665	0·05	**52**
10	9,38 871	0·83	9,40 212	0·89	10,59 788	9,98 659	0·06	**50**
12	38 971	0·83	40 319	0·88	59 681	98 652	0·05	**48**
14	39 071	0·83	40 425	0·88	59 575	98 646	0·05	**46**
16	39 170	0·83	40 531	0·88	59 469	98 640	0·06	**44**
18	39 270	0·83	40 636	0·88	59 364	98 633	0·05	**42**
20	9,39 369	0·82	9,40 742	0·88	10,59 258	9,98 627	0·06	**40**
22	39 467	0·83	40 847	0·88	59 153	98 620	0·05	**38**
24	39 566	0·82	40 952	0·88	59 048	98 614	0·06	**36**
26	39 664	0·82	41 057	0·87	58 943	98 607	0·05	**34**
28	39 762	0·82	41 161	0·88	58 839	98 601	0·06	**32**
30	9,39 860	0·82	9,41 266	0·87	10,58 734	9,98 594	0·05	**30**
32	39 958	0·81	41 370	0·87	58 630	98 588	0·06	**28**
34	40 055	0·81	41 474	0·87	58 526	98 581	0·06	**26**
36	40 152	0·81	41 578	0·86	58 422	98 574	0·05	**24**
38	40 249	0·81	41 681	0·86	58 319	98 568	0·06	**22**
40	9,40 346	0·80	9,41 784	0·86	10,58 216	9,98 561	0·05	**20**
42	40 442	0·80	41 887	0·86	58 113	98 555	0·06	**18**
44	40 538	0·80	41 990	0·86	58 010	98 548	0·06	**16**
46	40 634	0·80	42 093	0·85	57 907	98 541	0·05	**14**
48	40 730	0·79	42 195	0·85	57 805	98 535	0·06	**12**
50	9,40 825	0·80	9,42 297	0·85	10,57 703	9,98 528	0·06	**10**
52	40 921	0·79	42 399	0·85	57 601	98 521	0·05	**8**
54	41 016	0·79	42 501	0·85	57 499	98 515	0·06	**6**
56	41 111	0·78	42 603	0·84	57 397	98 508	0·06	**4**
58	41 205	0·79	42 704	0·84	57 296	98 501	0·06	**2**
60	41 300		42 805		57 195	98 494		**0**
M.	**log cos**	**D. 1″**	**log ctg**	**g. D. 1″**	**log tg**	**log sin**	**D. 1″**	**M.**

75°

15° **C.**

M.	log sin	D. 1″	log tg	g. D. 1″	log ctg	log cos	D. 1″	M.
0	9,41 300	0·78	9,42 805	0·84	10,57 195	9,98 494	0·05	60
2	41 394	0·78	42 906	0·84	57 094	98 488	0·06	58
4	41 488	0·78	43 007	0·84	56 993	98 481	0·06	56
6	41 582	0·78	43 108	0·83	56 892	98 474	0·06	54
8	41 675	0·78	43 208	0·83	56 792	98 467	0·06	52
10	9,41 768	0·78	9,43 308	0·83	10,56 692	9,98 460	0·06	50
12	41 861	0·78	43 408	0·83	56 592	98 453	0·05	48
14	41 954	0·78	43 508	0·83	56 492	98 447	0·06	46
16	42 047	0·78	43 607	0·83	56 393	98 440	0·06	44
18	42 140	0·77	43 707	0·83	56 293	98 433	0·06	42
20	9,42 232	0·77	9,43 806	0·83	10,56 194	9,98 426	0·06	40
22	42 324	0·77	43 905	0·83	56 095	98 419	0·06	38
24	42 416	0·76	44 004	0·82	55 996	98 412	0·06	36
26	42 507	0·77	44 102	0·83	55 898	98 405	0·06	34
28	42 599	0·76	44 201	0·82	55 799	98 398	0·06	32
30	9,42 690	0·76	9,44 299	0·82	10,55 701	9,98 391	0·06	30
32	42 781	0·76	44 397	0·82	55 603	98 384	0·06	28
34	42 872	0·75	44 495	0·81	55 505	98 377	0·06	26
36	42 962	0·76	44 592	0·82	55 408	98 370	0·06	24
38	43 053	0·75	44 690	0·81	55 310	98 363	0·06	22
40	9,43 143	0·75	9,44 787	0·81	10,55 213	9,98 356	0·06	20
42	43 233	0·75	44 884	0·81	55 116	98 349	0·06	18
44	43 323	0·74	44 981	0·81	55 019	98 342	0·07	16
46	43 412	0·75	45 078	0·80	54 922	98 334	0·06	14
48	43 502	0·74	45 174	0·81	54 826	98 327	0·06	12
50	9,43 591	0·74	9,45 271	0·80	10,54 729	9,98 320	0·06	10
52	43 680	0·74	45 367	0·80	54 633	98 313	0·06	8
54	43 769	0·73	45 463	0·80	54 537	98 306	0·06	6
56	43 857	0·74	45 559	0·79	54 441	98 299	0·07	4
58	43 946	0·73	45 654	0·80	54 346	98 291	0·06	2
60	44 034		45 750		54 250	98 284		0
M.	log cos	D. 1″	log ctg	g. D. 1″	log tg	log sin	D. 1″	M.

74°

M.	log sin	D. 1″	log tg	g.D.1″	log ctg	log cos	D. 1″	M.
0	9,44 034	0·73	9,45 750	0·79	10,54 250	9,98 284	0·06	60
2	44 122	0·73	45 845	0·79	54 155	98 277	0·06	58
4	44 210	0·73	45 940	0·79	54 060	98 270	0·07	56
6	44 297	0·73	46 035	0·79	53 965	98 262	0·06	54
8	44 385	0·73	46 130	0·78	53 870	98 255	0·06	52
10	9,44 472	0·73	9,46 224	0·79	10,53 776	9,98 248	0·07	50
12	44 559	0.73	46 319	0·78	53 681	98 240	0·06	48
14	44 646	0·73	46 413	0·78	53 587	98 233	0·06	46
16	44 733	0·72	46 507	0·78	53 493	98 226	0·07	44
18	44 819	0·72	46 601	0.78	53 399	98 218	0·06	42
20	9,44 905	0·73	9,46 694	0·78	10,53 306	9,98 211	0·06	40
22	44 992	0·71	46 788	0·78	53 212	98 204	0·07	38
24	45 077	0·72	46 881	0·78	53 119	98 196	0·06	36
26	45 163	0·72	46 975	0·78	53 025	98 189	0·07	34
28	45 249	0·71	47 068	0·77	52 932	98 181	0·06	32
30	9,45 334	0·71	9,47 160	0·78	10,52 840	9,98 174	0·07	30
32	45 419	0·71	47 253	0·78	52 747	98 166	0·06	28
34	45 504	0·71	47 346	0·77	52 654	98 159	0·07	26
36	45 589	0·71	47 438	0·77	52 562	98 151	0·06	24
38	45 674	0·70	47 530	0·77	52 470	98 144	0·07	22
40	9,45 758	0·71	9,47 622	0·77	10,52 378	9,98 136	0·06	20
42	45 843	0·70	47 714	0·77	52 286	98 129	0·07	18
44	45 927	0·70	47 806	0·76	52 194	98 121	0·07	16
46	46 011	0·70	47 897	0·77	52 103	98 113	0·06	14
48	46 095	0·69	47 989	0·76	52 011	98 106	0·07	12
50	9,46 178	0·70	9,48 080	0·76	10,51 920	9,98 098	0·07	10
52	46 262	0·69	48 171	0·76	51 829	98 090	0·06	8
54	46 345	0·69	48 262	0·76	51 738	98 083	0·07	6
56	46 428	0·69	48 353	0·75	51 647	98 075	0·07	4
58	46 511	0·69	48 443	0·76	51 557	98 067	0·06	2
60	46 594		48 534		51 466	98 060		0
M.	log cos	D. 1″	log ctg	g.D.1″	log tg	log sin	D. 1″	M.

M.	log sin	D. 1″	log tg	g. D. 1″	log ctg	log cos	D. 1″	M.
0	9,46 594		9,48 534		10,51 466	9,98 060		**60**
		0·68		0·75			0·07	
2	46 676		48 624		51 376	98 052		**58**
		0·68		0·75			0·07	
4	46 758		48 714		51 286	98 044		**56**
		0·69		0·75			0·07	
6	46 841		48 804		51 196	98 036		**54**
		0·68		0·75			0·06	
8	46 923		48 894		51 106	98 029		**52**
		0·68		0·75			0·07	
10	9,47 005		9,48 984		10,51 016	9,98 021		**50**
		0·68		0·74			0·07	
12	47 086		49 073		50 927	98 013		**48**
		0·68		0·75			0·07	
14	47 168		49 163		50 837	98 005		**46**
		0·68		0·74			0·07	
16	47 249		49 252		50 748	97 997		**44**
		0·68		0·74			0·07	
18	47 330		49 341		50 659	97 989		**42**
		0·68		0·74			0·06	
20	9,47 411		9,49 430		10,50 570	9,97 982		**40**
		0·68		0·74			0·07	
22	47 492		49 519		50 481	97 974		**38**
		0·68		0·73			0·07	
24	47 573		49 607		50 393	97 966		**36**
		0·68		0·74			0·07	
26	47 654		49 696		50 304	97 958		**34**
		0·67		0·73			0·07	
28	47 734		49 784		50 216	97 950		**32**
		0·67		0·73			0·07	
30	9,47 814		9,49 872		10,50 128	9,97 942		**30**
		0·67		0·73			0·07	
32	47 894		49 960		50 040	97 934		**28**
		0·67		0·73			0·07	
34	47 974		50 048		49 952	97 926		**26**
		0·67		0·73			0·07	
36	48 054		50 136		49 864	97 918		**24**
		0·66		0·73			0·07	
38	48 133		50 223		49 777	97 910		**22**
		0·67		0·73			0·07	
40	9,48 213		9,50 311		10,49 689	9,97 902		**20**
		0·66		0·73			0·07	
42	48 292		50 398		49 602	97 894		**18**
		0·66		0·73			0·07	
44	48 371		50 485		49 515	97 886		**16**
		0·66		0·73			0·07	
46	48 450		50 572		49 428	97 878		**14**
		0·66		0·73			0·07	
48	48 529		50 659		49 341	97 870		**12**
		0·65		0·73			0·08	
50	9,48 607		9,50 746		10,49 254	9,97 861		**10**
		0·66		0·73			0·07	
52	48 686		50 833		49 167	97 853		**8**
		0·65		0·72			0·07	
54	48 764		50 919		49 081	97 845		**6**
		0·65		0·72			0·07	
56	48 842		51 005		48 995	97 837		**4**
		0·65		0·73			0·07	
58	48 920		51 092		48 908	97 829		**2**
		0·65		0·72			0·07	
60	48 998		51 178		48 822	97 821		**0**
M.	log cos	D. 1″	log ctg	g. D. 1″	log tg	log sin	D. 1″	M.

M.	log sin	D. 1″	log tg	g. D. 1″	log ctg	log cos	D. 1″	M.
0	9,48 998	0·65	9,51 178	0·72	10,48 822	9,97 821	0·08	**60**
2	49 076	0·64	51 264	0·71	48 736	97 812	0·07	**58**
4	49 153	0·65	51 349	0·72	48 651	97 804	0·07	**56**
6	49 231	0·64	51 435	0·71	48 565	97 796	0·07	**54**
8	49 308	0·64	51 520	0·72	48 480	97 788	0·08	**52**
10	9,49 385	0·64	9,51 606	0·71	10,48 394	9,97 779	0·07	**50**
12	49 462	0·64	51 691	0·71	48 309	97 771	0·07	**48**
14	49 539	0·63	51 776	0·71	48 224	97 763	0·08	**46**
16	49 615	0·64	51 861	0·71	48 139	97 754	0·07	**44**
18	49 692	0·63	51 946	0·71	48 054	97 746	0·07	**42**
20	9,49 768	0·63	9,52 031	0·70	10,47 969	9,97 738	0·08	**40**
22	49 844	0·63	52 115	0·71	47 885	97 729	0·07	**38**
24	49 920	0·63	52 200	0·70	47 800	97 721	0·07	**36**
26	49 996	0·63	52 284	0·70	47 716	97 713	0·08	**34**
28	50 072	0·63	52 368	0·70	47 632	97 704	0·07	**32**
30	9,50 148	0·63	9,52 452	0·70	10,47 548	9,97 696	0·08	**30**
32	50 223	0·63	52 536	0·70	47 464	97 687	0·07	**28**
34	50 298	0·63	52 620	0·69	47 380	97 679	0·08	**26**
36	50 374	0·63	52 703	0·70	47 297	97 670	0·07	**24**
38	50 449	0·62	52 787	0·69	47 213	97 662	0·08	**22**
40	9,50 523	0·63	9,52 870	0·69	10,47 130	9,97 653	0·07	**20**
42	50 598	0·63	52 953	0·70	47 047	97 645	0·08	**18**
44	50 673	0·62	53 037	0·69	46 963	97 636	0·07	**16**
46	50 747	0·62	53 120	0·68	46 880	97 628	0·08	**14**
48	50 821	0·63	53 202	0·69	46 798	97 619	0·08	**12**
50	9,50 896	0·62	9,53 285	0·69	10,46 715	9,97 610	0·07	**10**
52	50 970	0·61	53 368	0·68	46 632	97 602	0·08	**8**
54	51 043	0·62	53 450	0·69	46 550	97 593	0·08	**6**
56	51 117	0·62	53 533	0·68	46 467	97 584	0·07	**4**
58	51 191	0·61	53 615	0·68	46 385	97 576	0·08	**2**
60	51 264		53 697		46 303	97 567		**0**
M.	log cos	D. 1″	log ctg	g. D. 1″	log tg	log sin	D. 1″	M.

71°

19° **C.**

M.	log sin	D. 1″	log tg	g.D.1″	log ctg	log cos	D. 1″	M.
0	9,51 264		9,53 697		10,46 303	9,97 567		60
		0·62		0·68			0·08	
2	51 338		53 779		46 221	97 558		58
		0·61		0·68			0·07	
4	51 411		53 861		46 139	97 550		56
		0·61		0·68			0·08	
6	51 484		53 943		46 057	97 541		54
		0·61		0·68			0·08	
8	51 557		54 025		45 975	97 532		52
		0·60		0·68			0·08	
10	9,51 629		9,54 106		10,45 894	9,97 523		50
		0·61		0·68			0·07	
12	51 702		54 187		45 813	97 515		48
		0·60		0·68			0·08	
14	51 774		54 269		45 731	97 506		46
		0·61		0·68			0·08	
16	51 847		54 350		45 650	97 497		44
		0·60		0·68			0·08	
18	51 919		54 431		45 569	97 488		42
		0·60		0·68			0·08	
20	9,51 991		9,54 512		10,45 488	9,97 479		40
		0·60		0·68			0·08	
22	52 063		54 593		45 407	97 470		38
		0·60		0·67			0·08	
24	52 135		54 673		45 327	97 461		36
		0·60		0·68			0·07	
26	52 207		54 754		45 246	97 453		34
		0·59		0·68			0·08	
28	52 278		54 835		45 165	97 444		32
		0·60		0·67			0·08	
30	9,52 350		9,54 915		10,45 085	9,97 435		30
		0·59		0·67			0·08	
32	52 421		54 995		45 005	97 426		28
		0·59		0·67			0·08	
34	52 492		55 075		44 925	97 417		26
		0·59		0·67			0·08	
36	52 563		55 155		44 845	97 408		24
		0·59		0·67			0·08	
38	52 634		55 235		44 765	97 399		22
		0·59		0·67			0·08	
40	9,52 705		9,55 315		10,44 685	9,97 390		20
		0·58		0·67			0·08	
42	52 775		55 395		44 605	97 381		18
		0·59		0·66			0·08	
44	52 846		55 474		44 526	97 372		16
		0·58		0·67			0·08	
46	52 916		55 554		44 446	97 363		14
		0·58		0·66			0·08	
48	52 986		55 633		44 367	97 353		12
		0·58		0·66			0·08	
50	9,53 056		9,55 712		10,44 288	9,97 344		10
		0·58		0·66			0·08	
52	53 126		55 791		44 209	97 335		8
		0·58		0·66			0·08	
54	53 196		55 870		44 130	97 326		6
		0·58		0·66			0·08	
56	53 266		55 949		44 051	97 317		4
		0·58		0·66			0·08	
58	53 336		56 028		43 972	97 308		2
		0·58		0·66			0·08	
60	53 405		56 107		43 893	97 299		0
M.	log cos	D. 1″	log ctg	g.D.1″	log tg	log sin	D. 1″	M.

70°

M.	log sin	D. 1″	log tg	g.D.1″	log ctg	log cos	D. 1″	M.
0	9,53 405	0·58	9,56 107	0·65	10,43 893	9,97 299	0·08	**60**
2	53 475	0·58	56 185	0·66	43 815	97 289	0·08	**58**
4	53 544	0·58	56 264	0·65	43 736	97 280	0·08	**56**
6	53 613	0·58	56 342	0·65	43 658	97 271	0·08	**54**
8	53 682	0·58	56 420	0·65	43 580	97 262	0·08	**52**
10	9,53 751	0·57	9,56 498	0·65	10,43 502	9,97 252	0·08	**50**
12	53 819	0·58	56 576	0·65	43 424	97 243	0·08	**48**
14	53 888	0·58	56 654	0·65	43 346	97 234	0·08	**46**
16	53 957	0·57	56 732	0·65	43 268	97 224	0·08	**44**
18	54 025	0·57	56 810	0·64	43 190	97 215	0·08	**42**
20	9,54 093	0·57	9,56 887	0·65	10,43 113	9,97 206	0·08	**40**
22	54 161	0·57	56 965	0·64	43 035	97 196	0·08	**38**
24	54 229	0·57	57 042	0·65	42 958	97 187	0·08	**36**
26	54 297	0·57	57 120	0·64	42 880	97 178	0·08	**34**
28	54 365	0·57	57 197	0·64	42 803	97 168	0·08	**32**
30	9,54 433	0·56	9,57 274	0·64	10,42 726	9,97 159	0·08	**30**
32	54 500	0·56	57 351	0·64	42 649	97 149	0·08	**28**
34	54 567	0·57	57 428	0·63	42 572	97 140	0·08	**26**
36	54 635	0·56	57 504	0·64	42 496	97 130	0·08	**24**
38	54 702	0·56	57 581	0·64	42 419	97 121	0·08	**22**
40	9,54 769	0·56	9,57 658	0·63	10,42 342	9,97 111	0·08	**20**
42	54 836	0·56	57 734	0·63	42 266	97 102	0·08	**18**
44	54 903	0·55	57 810	0·64	42 190	97 092	0·08	**16**
46	54 969	0·56	57 887	0·63	42 113	97 083	0·08	**14**
48	55 036	0·55	57 963	0·63	42 037	97 073	0·08	**12**
50	9,55 102	0·56	9,58 039	0·63	10,41 961	9,97 063	0·08	**10**
52	55 169	0·55	58 115	0·63	41 885	97 054	0·08	**8**
54	55 235	0·55	58 191	0·63	41 809	97 044	0·08	**6**
56	55 301	0·55	58 267	0·63	41 733	97 035	0·08	**4**
58	55 367	0·55	58 342	0·63	41 658	97 025	0·08	**2**
60	55 433		58 418		41 582	97 015		**0**
M.	log cos	D. 1″	log ctg	g.D.1″	log tg	log sin	D. 1″	M.

M.	log sin	D. 1″	log tg	g.D.1″	log ctg	log cos	D. 1″	M.
0	9,55 433	0·55	9,58 418	0·63	10,41 582	9,97 015	0·08	60
2	55 499	0·54	58 493	0·63	41 507	97 005	0·08	58
4	55 564	0·55	58 569	0·63	41 431	96 996	0·08	56
6	55 630	0·54	58 644	0·63	41 356	96 986	0·08	54
8	55 695	0·55	58 719	0·63	41 281	96 976	0·08	52
10	9,55 761	0·54	9,58 794	0·63	10,41 206	9,96 966	0·08	50
12	55 826	0·54	58 869	0·63	41 131	96 957	0·08	48
14	55 891	0·54	58 944	0·63	41 056	96 947	0·08	46
16	55 956	0·54	59 019	0·63	40 981	96 937	0·08	44
18	56 021	0·53	59 094	0·62	40 906	96 927	0·08	42
20	9,56 085	0·54	9,59 168	0·63	10,40 832	9,96 917	0.08	40
22	56 150	0·54	59 243	0·62	40 757	96 907	0·08	38
24	56 215	0·53	59 317	0·62	40 683	96 898	0·08	36
26	56 279	0·53	59 391	0·63	40 609	96 888	0·08	34
28	56 343	0·54	59 466	0·62	40 534	96 878	0·08	32
30	9,56 408	0·53	9,59 540	0·62	10,40 460	9,96 868	0·08	30
32	56 472	0·53	59 614	0·62	40 386	96 858	0·08	28
34	56 536	0·53	59 688	0·62	40 312	96 848	0·08	26
36	56 599	0·53	59 762	0·61	40 238	96 838	0·08	24
38	56 663	0·53	59 835	0·62	40 165	96 828	0·08	22
40	9,56 727	0·53	9,59 909	0·62	10,40 091	9,96 818	0·08	20
42	56 790	0·53	59 983	0·61	40 017	96 808	0·08	18
44	56 854	0·53	60 056	0·62	39 944	96 798	0·08	16
46	56 917	0·53	60 130	0·61	39 870	96 788	0·08	14
48	56 980	0·53	60 203	0·61	39 797	96 778	0·09	12
50	9,57 044	0·53	9,60 276	0·61	10,39 724	9,96 767	0·08	10
52	57 107	0·52	60 349	0·61	39 651	96 757	0·08	8
54	57 169	0·53	60 422	0·61	39 578	96 747	0·08	6
56	57 232	0·53	60 495	0·61	39 505	96 737	0·08	4
58	57 295	0·53	60 568	0·61	39 432	96 727	0·08	2
60	57 358		60 641		39 359	96 717		0
M.	log cos	D. 1″	log ctg	g.D.1″	log tg	log sin	D. 1″	M.

M.	log sin	D. 1″	log tg	g.D.1″	log ctg	log cos	D. 1″	M.
0	9,57 358	0·52	9,60 641	0·61	10,39 359	9,96 717	0·09	60
2	57 420	0·52	60 714	0·60	39 286	96 706	0·08	58
4	57 482	0·53	60 786	0·61	39 214	96 696	0·08	56
6	57 545	0·52	60 859	0·60	39 141	96 686	0·08	54
8	57 607	0·52	60 931	0·61	39 069	96 676	0·09	52
10	9,57 669	0·52	9,61 004	0·60	10,38 996	9,96 665	0·08	50
12	57 731	0·52	61 076	0·60	38 924	96 655	0·08	48
14	57 793	0.52	61 148	0·60	38 852	96 645	0·09	46
16	57 855	0·51	61 220	0·60	38 780	96 634	0·08	44
18	57 916	0·52	61 292	0·60	38 708	96 624	0·08	42
20	9,57 978	0·51	9,61 364	0·60	10,38 636	9,96 614	0·09	40
22	58 039	0·52	61 436	0·60	38 564	96 603	0·08	38
24	58 101	0·51	61 508	0·59	38 492	96 593	0·09	36
26	58 162	0·51	61 579	0·60	38 421	96 582	0·08	34
28	58 223	0·51	61 651	0·59	38 349	96 572	0·08	32
30	9,58 284	0·51	9,61 722	0·60	10,38 278	9,96 562	0·09	30
32	58 345	0·51	61 794	0·59	38 206	96 551	0·08	28
34	58 406	0·51	61 865	0·59	38 135	96 541	0·09	26
36	58 467	0·50	61 936	0·60	38 064	96 530	0·08	24
38	58 527	0·51	62 008	0·59	37 992	96 520	0·09	22
40	9,58 588	0·50	9,62 079	0·59	10,37 921	9,96 509	0·09	20
42	58 648	0·51	62 150	0·59	37 850	96 498	0·08	18
44	58 709	0·50	62 221	0·59	37 779	96 488	0·09	16
46	58 769	0·50	62 292	0·58	37 708	96 477	0·08	14
48	58 829	0·50	62 362	0·59	37 638	96 467	0·09	12
50	9,58 889	0·50	9,62 433	0·59	10,37 567	9,96 456	0·09	10
52	58 949	0·50	62 504	0·58	37 496	96 445	0·08	8
54	59 009	0·50	62 574	0·59	37 426	96 435	0·09	6
56	59 069	0·49	62 645	0·58	37 355	96 424	0·09	4
58	59 128	0·50	62 715	0·58	37 285	96 413	0·08	2
60	59 188		62 785		37 215	96 403		0
M.	log cos	D. 1″	log ctg	g.D.1″	log tg	log sin	D. 1″	M.

M.	log sin	D. 1"	log tg	g.D.1"	log ctg	log cos	D. 1"	M.
0	9,59 188		9,62 785		10,37 215	9,96 403		60
		0·49		0·58			0·09	
2	59 247		62 855		37 145	96 392		58
		0·50		0·59			0·09	
4	59 307		62 926		37 074	96 381		56
		0·49		0·58			0·09	
6	59 366		62 996		37 004	96 370		54
		0·49		0·58			0·08	
8	59 425		63 066		36 934	96 360		52
		0·49		0·58			0·09	
10	9,59 484		9,63 135		10,36 865	9,96 349		50
		0·49		0·58			0·09	
12	59 543		63 205		36 795	96 338		48
		0·49		0·58			0·09	
14	59 602		63 275		36 725	96 327		46
		0·49		0·58			0·09	
16	59 661		63 345		36 655	96 316		44
		0·49		0·58			0·09	
18	59 720		63 414		36 586	96 305		42
		0·48		0·58			0·09	
20	9,59 778		9,63 484		10,36 516	9,96 294		40
		0·49		0·58			0·08	
22	59 837		63 553		36 447	96 284		38
		0·48		0·58			0·09	
24	59 895		63 623		36 377	96 273		36
		0·49		0·58			0·09	
26	59 954		63 692		36 308	96 262		34
		0·48		0·58			0·09	
28	60 012		63 761		36 239	96 251		32
		0·48		0·58			0·09	
30	9,60 070		9,63 830		10,36 170	9,96 240		30
		0·48		0·58			0·09	
32	60 128		63 899		36 101	96 229		28
		0·48		0·58			0·09	
34	60 186		63 968		36 032	96 218		26
		0·48		0·58			0·09	
36	60 244		64 037		35 963	96 207		24
		0·48		0·58			0·09	
38	60 302		64 106		35 894	96 196		22
		0·48		0·58			0·09	
40	9,60 359		9,64 175		10,35 825	9,96 185		20
		0·48		0·57			0·09	
42	60 417		64 243		35 757	96 174		18
		0·48		0·58			0·10	
44	60 474		64 312		35 688	96 162		16
		0·48		0·58			0·09	
46	60 532		64 381		35 619	96 151		14
		0·48		0·57			0·09	
48	60 589		64 449		35 551	96 140		12
		0·48		0·57			0·09	
50	9,60 646		9,64 517		10,35 483	9,96 129		10
		0·48		0·58			0·09	
52	60 704		64 586		35 414	96 118		8
		0·48		0·57			0·09	
54	60 761		64 654		35 346	96 107		6
		0·48		0·57			0·10	
56	60 818		64 722		35 278	96 095		4
		0·48		0·57			0·09	
58	60 875		64 790		35 210	96 084		2
		0·47		0·57			0·09	
60	60 931		64 858		35 142	96 073		0
M.	log cos	D. 1"	log ctg	g.D.1"	log tg	log sin	D. 1"	M.

M.	log sin	D. 1″	log tg	g.D.1″	log ctg	log cos	D. 1″	M.
0	9,60 931	0·48	9,64 858	0·57	10,35 142	9,96 073	0·09	60
2	60 988	0·48	64 926	0·57	35 074	96 062	0·10	58
4	61 045	0·47	64 994	0·57	35 006	96 050	0·09	56
6	61 101	0·48	65 062	0·57	34 938	96 039	0·09	54
8	61 158	0·47	65 130	0·56	34 870	96 028	0·09	52
10	9,61 214	0·47	9,65 197	0·57	10,34 803	9,96 017	0·10	50
12	61 270	0·47	65 265	0·57	34 735	96 005	0·09	48
14	61 326	0·47	65 333	0·56	34 667	95 994	0·10	46
16	61 382	0·47	65 400	0·56	34 600	95 982	0·09	44
18	61 438	0·47	65 467	0·57	34 533	95 971	0·09	42
20	9,61 494	0·47	9,65 535	0·56	10,34 465	9,95 960	0·10	40
22	61 550	0·47	65 602	0·56	34 398	95 948	0·09	38
24	61 606	0·47	65 669	0·56	34 331	95 937	0·10	36
26	61 662	0·46	65 736	0·56	34 264	95 925	0·09	34
28	61 717	0·47	65 803	0·56	34 197	95 914	0·10	32
30	9,61 773	0·46	9,65 870	0·56	10,34 130	9,95 902	0·09	30
32	61 828	0·46	65 937	0·56	34 063	95 891	0·10	28
34	61 883	0·47	66 004	0·56	33 996	95 879	0·09	26
36	61 939	0·46	66 071	0·56	33 929	95 868	0·10	24
38	61 994	0·46	66 138	0·55	33 862	95 856	0·10	22
40	9,62 049	0·46	9,66 204	0·56	10,33 796	9,95 844	0·09	20
42	62 104	0·46	66 271	0·55	33 729	95 833	0·10	18
44	62 159	0·46	66 337	0·56	33 663	95 821	0·09	16
46	62 214	0·45	66 404	0·55	33 596	95 810	0·10	14
48	62 268	0·46	66 470	0·56	33 530	95 798	0·10	12
50	9,62 323	0·45	9,66 537	0·55	10,33 463	9,95 786	0·09	10
52	62 377	0·46	66 603	0·55	33 397	95 775	0·10	8
54	62 432	0·45	66 669	0·55	33 331	95 763	0·10	6
56	62 486	0·46	66 735	0·55	33 265	95 751	0·10	4
58	62 541	0·45	66 801	0·55	33 199	95 739	0·09	2
60	62 595		66 867		33 133	95 728		0
M.	log cos	D. 1″	log ctg	g.D.1″	log tg	log sin	D. 1″	M.

M.	log sin	D. 1″	log tg	g.D.1″	log ctg	log cos	D. 1″	M.
0	9,62 595	0·45	9,66 867	0·55	10,33 133	9,95 728	0·10	60
2	62 649	0·45	66 933	0·55	33 067	95 716	0·10	58
4	62 703	0·45	66 999	0·55	33 001	95 704	0·10	56
6	62 757	0·45	67 065	0·55	32 935	95 692	0·10	54
8	62 811	0·45	67 131	0·54	32 869	95 680	0·10	52
10	9,62 865	0·44	9,67 196	0·55	10,32 804	9,95 668	0·09	50
12	62 918	0·45	67 262	0·54	32 738	95 657	0·10	48
14	62 972	0·45	67 327	0·55	32 673	95 645	0·10	46
16	63 026	0·44	67 393	0·54	32 607	95 633	0·10	44
18	63 079	0·45	67 458	0·55	32 542	95 621	0·10	42
20	9,63 133	0·44	9,67 524	0·54	10,32 476	9,95 609	0·10	40
22	63 186	0·44	67 589	0·54	32 411	95 597	0·10	38
24	63 239	0·44	67 654	0·54	32 346	95 585	0·10	36
26	63 292	0·44	67 719	0·55	32 281	95 573	0·10	34
28	63 345	0·44	67 785	0·54	32 215	95 561	0·10	32
30	9,63 398	0·44	9,67 850	0·54	10,32 150	9,95 549	0·10	30
32	63 451	0·44	67 915	0·54	32 085	95 537	0·10	28
34	63 504	0·44	67 980	0·53	32 020	95 525	0·10	26
36	63 557	0·44	68 044	0·54	31 956	95 513	0·11	24
38	63 610	0·43	68 109	0·54	31 891	95 500	0·10	22
40	9,63 662	0·44	9,68 174	0·54	10,31 826	9,95 488	0·10	20
42	63 715	0·43	68 239	0·53	31 761	95 476	0·10	18
44	63 767	0·44	68 303	0·54	31 697	95 464	0·10	16
46	63 820	0·43	68 368	0·53	31 632	95 452	0·10	14
48	63 872	0·43	68 432	0·54	31 568	95 440	0·11	12
50	9,63 924	0·43	9,68 497	0·53	10,31 503	9,95 427	0·10	10
52	63 976	0·43	68 561	0·54	31 439	95 415	0·10	8
54	64 028	0·43	68 626	0·53	31 374	95 403	0·10	6
56	64 080	0·43	68 690	0·53	31 310	95 391	0·11	4
58	64 132	0·43	68 754	0·53	31 246	95 378	0·10	2
60	64 184		68 818		31 182	95 366		0
M.	log cos	D. 1″	log ctg	g.D.1″	log tg	log sin	D. 1″	M.

M.	log sin	D. 1''	log tg	g.D.1''	log ctg	log cos	D. 1''	M.
0	9,64 184	0·43	9,68 818	0·53	10,31 182	9,95 366	0·10	60
2	64 236	0·43	68 882	0·53	31 118	95 354	0·11	58
4	64 288	0·43	68 946	0·53	31 054	95 341	0·10	56
6	64 339	0·43	69 010	0·53	30 990	95 329	0·10	54
8	64 391	0·43	69 074	0·53	30 926	95 317	0·11	52
10	9,64 442	0·43	9,69 138	0·53	10,30 862	9,95 304	0·10	50
12	64 494	0·43	69 202	0·53	30 798	95 292	0·11	48
14	64 545	0·43	69 266	0·53	30 734	95 279	0·10	46
16	64 596	0·43	69 329	0·53	30 671	95 267	0·11	44
18	64 647	0·43	69 393	0·53	30 607	95 254	0·10	42
20	9,64 698	0·43	9,69 457	0·53	10,30 543	9,95 242	0·11	40
22	64 749	0·43	69 520	0·53	30 480	95 229	0·10	38
24	64 800	0·43	69 584	0·53	30 416	95 217	0·11	36
26	64 851	0·43	69 647	0·53	30 353	95 204	0·10	34
28	64 902	0·43	69 710	0·53	30 290	95 192	0·11	32
30	9,64 953	0·42	9,69 774	0·53	10,30 226	9,95 179	0·10	30
32	65 003	0·43	69 837	0·53	30 163	95 167	0·11	28
34	65 054	0·42	69 900	0·53	30 100	95 154	0·11	26
36	65 104	0·43	69 963	0·53	30 037	95 141	0·10	24
38	65 155	0·42	70 026	0·53	29 974	95 129	0·11	22
40	9,65205	0·42	9,70 089	0·53	10,29 911	9,95 116	0·11	20
42	65255	0·43	70 152	0·53	29 848	95 103	0·11	18
44	65306	0·42	70 215	0·53	29 785	95 090	0·10	16
46	65356	0·42	70 278	0·53	29 722	95 078	0·11	14
48	65406	0·42	70 341	0·53	29 659	95 065	0·11	12
50	9,65 456	0·42	9,70 404	0·52	10,29 596	9,95 052	0·11	10
52	65 506	0·42	70 466	0·53	29 534	95 039	0·10	8
54	65 556	0·41	70 529	0·53	29 471	95 027	0·11	6
56	65 605	0·42	70 592	0·52	29 408	95 014	0·11	4
58	65 655	0·42	70 654	0·53	29 346	95 001	0·11	2
60	65 705		70 717		29 283	94 988		0
M.	log cos	D. 1''	log ctg	g.D.1''	log tg	log sin	D. 1''	M.

63°

M.	log sin	D. 1″	log tg	g.D.1″	log ctg	log cos	D. 1″	M.
0	9,65 705	0·41	9,70 717	0·52	10,29 283	9,94 988	0·11	60
2	65 754	0·42	70 779	0·52	29 221	94 975	0·11	58
4	65 804	0·41	70 841	0·53	29 159	94 962	0·11	56
6	65 853	0·41	70 904	0·52	29 096	94 949	0·11	54
8	65 902	0·42	70 966	0·52	29 034	94 936	0·11	52
10	9,65 952	0·41	9,71 028	0·52	10,28 972	9,94 923	0·10	50
12	66 001	0·41	71 090	0·53	28 910	94 911	0·11	48
14	66 050	0·41	71 153	0·52	28 847	94 898	0·11	46
16	66 099	0·41	71 215	0·52	28 785	94 885	0·12	44
18	66 148	0·41	71 277	0·52	28 723	94 871	0·11	42
20	9,66 197	0·41	9,71 339	0·52	10,28 661	9,94 858	0·11	40
22	66 246	0·41	71 401	0·51	28 599	94 845	0·11	38
24	66 295	0·40	71 462	0·52	28 538	94 832	0·11	36
26	66 343	0·41	71 524	0·52	28 476	94 819	0·11	34
28	66 392	0·41	71 586	0·52	28 414	94 806	0·11	32
30	9,66 441	0·40	9,71 648	0·51	10,28 352	9,94 793	0·11	30
32	66 489	0·40	71 709	0·52	28 291	94 780	0·11	28
34	66 537	0·41	71 771	0·52	28 229	94 767	0·12	26
36	66 586	0·40	71 833	0·51	28 167	94 753	0·11	24
38	66 634	0·40	71 894	0·51	28 106	94 740	0·11	22
40	9,66 682	0·41	9,71 955	0·52	10,28 045	9,94 727	0·11	20
42	66 731	0·40	72 017	0·51	27 983	94 714	0·12	18
44	66 779	0·40	72 078	0·52	27 922	94 700	0·11	16
46	66 827	0·40	72 140	0·51	27 860	94 687	0·11	14
48	66 875	0·39	72 201	0·51	27 799	94 674	0·12	12
50	9,66 922	0·40	9,72 262	0·51	10,27 738	9,94 660	0·11	10
52	66 970	0·40	72 323	0·51	27 677	94 647	0·11	8
54	67 018	0·40	72 384	0·51	27 616	94 634	0·12	6
56	67 066	0·39	72 445	0·51	27 555	94 620	0·11	4
58	67 113	0·40	72 506	0·51	27 494	94 607	0·12	2
60	67 161		72 567		27 433	94 593		0
M.	log cos	D. 1″	log ctg	g.D.1″	log tg	log sin	D. 1″	M.

M.	log sin	D. 1″	log tg	g.D.1″	log ctg	log cos	D. 1″	M.
0	9,67 161	0·39	9,72 567	0·51	10,27 433	9,94 593	0·11	**60**
2	67 208	0·40	72 628	0·51	27 372	94 580	0·11	**58**
4	67 256	0·39	72 689	0·51	27 311	94 567	0·12	**56**
6	67 303	0·39	72 750	0·51	27 250	94 553	0·11	**54**
8	67 350	0·40	72 811	0·51	27 189	94 540	0·12	**52**
10	9,67 398	0·39	9,72 872	0·50	10,27 128	9,94 526	0·11	**50**
12	67 445	0·39	72 932	0·51	27 068	94 513	0·12	**48**
14	67 492	0·39	72 993	0·51	27 007	94 499	0·12	**46**
16	67 539	0·39	73 054	0·50	26 946	94 485	0·11	**44**
18	67 586	0·39	73 114	0·51	26 886	94 472	0·12	**42**
20	9,67 633	0·39	9,73 175	0·50	10,26 825	9,94 458	0·11	**40**
22	67 680	0·38	73 235	0·50	26 765	94 445	0·12	**38**
24	67 726	0·39	73 295	0·51	26 705	94 431	0·12	**36**
26	67 773	0·39	73 356	0·50	26 644	94 417	0·11	**34**
28	67 820	0·38	73 416	0·50	26 584	94 404	0·12	**32**
30	9,67 866	0·39	9,73 476	0·51	10,26 524	9,94 390	0·12	**30**
32	67 913	0·38	73 537	0·50	26 463	94 376	0·12	**28**
34	67 959	0·39	73 597	0·50	26 403	94 362	0·11	**26**
36	68 006	0·38	73 657	0·50	26 343	94 349	0·12	**24**
38	68 052	0·38	73 717	0·50	26 283	94 335	0·12	**22**
40	9,68 098	0·38	9,73 777	0·50	10,26 223	9,94 321	0·12	**20**
42	68 144	0·38	73 837	0·50	26 163	94 307	0·12	**18**
44	68 190	0·39	73 897	0·50	26 103	94 293	0·12	**16**
46	68 237	0·38	73 957	0·50	26 043	94 279	0·11	**14**
48	68 283	0·38	74 017	0·50	25 983	94 266	0·12	**12**
50	9,68 328	0·38	9,74 077	0·50	10,25 923	9,94 252	0·12	**10**
52	68 374	0·38	74 137	0·49	25 863	94 238	0·12	**8**
54	68 420	0·38	74 196	0·50	25 804	94 224	0·12	**6**
56	68 466	0·38	74 256	0·50	25 744	94 210	0·12	**4**
58	68 512	0·38	74 316	0·49	25 684	94 196	0·12	**2**
60	68 557		74 375		25 625	94 182		**0**
M.	log cos	D. 1″	log ctg	g.D.1″	log tg	log sin	D. 1″	M.

M.	log sin	D. 1″	log tg	g.D.1″	log ctg	log cos	D. 1″	M.
0	9,68 557	0·38	9,74 375	0·50	10,25 625	9,94 182	0·12	60
2	68 603	0·38	74 435	0·49	25 565	94 168	0·12	58
4	68 648	0·38	74 494	0·50	25 506	94 154	0·12	56
6	68 694	0·38	74 554	0·49	25 446	94 140	0·12	54
8	68 739	0·38	74 613	0·50	25 387	94 126	0·12	52
10	9,68 784	0·38	9,74 673	0·49	10,25 327	9,94 112	0·12	50
12	68 829	0·38	74 732	0·49	25 268	94 098	0·13	48
14	68 875	0·38	74 791	0·50	25 209	94 083	0·12	46
16	68 920	0·38	74 851	0·49	25 149	94 069	0·12	44
18	68 965	0·38	74 910	0·49	25 090	94 055	0·12	42
20	9,69 010	0·38	9,74 969	0·49	10,25 031	9,94 041	0·12	40
22	69 055	0·38	75 028	0·49	24 972	94 027	0·13	38
24	69 100	0·37	75 087	0·49	24 913	94 012	0·12	36
26	69 144	0·38	75 146	0·49	24 854	93 998	0·12	34
28	69 189	0·38	75 205	0·49	24 795	93 984	0·12	32
30	9,69 234	0·38	9,75 264	0·49	10,24 736	9,93 970	0·13	30
32	69 279	0·37	75 323	0·49	24 677	93 955	0·12	28
34	69 323	0·38	75 382	0·49	24 618	93 941	0·12	26
36	69 368	0·37	75 441	0·49	24 559	93 927	0·13	24
38	69 412	0·37	75 500	0·48	24 500	93 912	0·12	22
40	9,69 456	0·38	9,75 558	0·49	10,24 442	9,93 898	0·12	20
42	69 501	0·37	75 617	0·49	24 383	93 884	0·13	18
44	69 545	0·37	75 676	0·49	24 324	93 869	0·12	16
46	69 589	0·37	75 735	0·48	24 265	93 855	0·13	14
48	69 633	0·37	75 793	0·49	24 207	93 840	0·12	12
50	9,69 677	0·37	9,75 852	0·48	10,24 148	9,93 826	0·13	10
52	69 721	0·37	75 910	0·49	24 090	93 811	0·12	8
54	69 765	0·37	75 969	0·48	24 031	93 797	0·13	6
56	69 809	0·37	76 027	0·49	23 973	93 782	0·12	4
58	69 853	0·37	76 086	0·48	23 914	93 768	0·13	2
60	69 897		76 144		23 856	93 753		0
M.	log cos	D. 1″	log ctg	g.D.1″	log tg	log sin	D. 1″	M.

30° **C.**

M.	log sin	D. 1"	log tg	g.D.1"	log ctg	log cos	D. 1"	M.
0	9,69 897		9,76 144		10,23 856	9,93 753		60
		0·37		0·48			0·13	
2	69 941		76 202		23 798	93 738		58
		0·36		0·49			0·12	
4	69 984		76 261		23 739	93 724		56
		0·37		0·48			0·13	
6	70 028		76 319		23 681	93 709		54
		0·37		0·48			0·12	
8	70 072		76 377		23 623	93 695		52
		0·36		0·48			0·13	
10	9,70 115		9,76 435		10,23 565	9,93 680		50
		0·37		0·48			0·13	
12	70 159		76 493		23 507	93 665		48
		0·36		0·48			0·13	
14	70 202		76 551		23 449	93 650		46
		0·36		0·48			0·12	
16	70 245		76 609		23 391	93 636		44
		0·36		0·49			0·13	
18	70 288		76 668		23 332	93 621		42
		0·37		0·48			0·13	
20	9,70 332		9,76 725		10,23 275	9,93 606		40
		0·36		0·48			0·13	
22	70 375		76 783		23 217	93 591		38
		0·36		0·48			0·12	
24	70 418		76 841		23 159	93 577		36
		0·36		0·48			0·13	
26	70 461		76 899		23 101	93 562		34
		0·36		0·48			0·13	
28	70 504		76 957		23 043	93 547		32
		0·36		0·48			0·13	
30	9,70 547		9,77 015		10,22 985	9,93 532		30
		0·36		0·48			0·13	
32	70 590		77 073		22 927	93 517		28
		0·36		0·48			0·13	
34	70 633		77 130		22 870	93 502		26
		0·35		0·48			0·13	
36	70 675		77 188		22 812	93 487		24
		0·36		0·48			0·13	
38	70 718		77 246		22 754	93 472		22
		0·36		0·48			0·13	
40	9,70 761		9,77 303		10,22 697	9,93 457		20
		0·35		0·48			0·13	
42	70 803		77 361		22 639	93 442		18
		0·36		0·48			0·13	
44	70 846		77 418		22 582	93 427		16
		0·35		0·48			0·13	
46	70 888		77 476		22 524	93 412		14
		0·36		0·48			0·13	
48	70 931		77 533		22 467	93 397		12
		0·35		0·48			0·13	
50	9,70 973		9,77 591		10,22 409	9,93 382		10
		0·35		0·48			0·13	
52	71 015		77 648		22 352	93 367		8
		0·36		0·48			0·13	
54	71 058		77 706		22 294	93 352		6
		0·35		0·48			0·13	
56	71 100		77 763		22 237	93 337		4
		0·35		0·48			0·13	
58	71 142		77 820		22 180	93 322		2
		0·35		0·48			0·13	
60	71 184		77 877		22 123	93 307		0
M.	log cos	D. 1"	log ctg	g.D.1"	log tg	log sin	D. 1"	M.

59°

M.	log sin	D. 1″	log tg	g.D.1″	log ctg	log cos	D. 1″	M.
0	9,71 184	0·85	9,77 877	0·48	10,22 123	9,93 307	0·13	60
2	71 226	0·85	77 935	0·48	22 065	93 291	0·13	58
4	71 268	0·85	77 992	0·48	22 008	93 276	0·13	56
6	71 310	0·85	78 049	0·48	21 951	93 261	0·13	54
8	71 352	0·84	78 106	0·48	21 894	93 246	0·13	52
10	9,71 393	0·85	9,78 163	0·48	10,21 837	9,93 230	0·13	50
12	71 435	0·85	78 220	0·48	21 780	93 215	0·13	48
14	71 477	0·85	78 277	0·48	21 723	93 200	0·13	46
16	71 519	0·84	78 334	0·48	21 666	93 184	0·13	44
18	71 560	0·85	78 391	0·48	21 609	93 169	0·13	42
20	9,71 602	0·84	9,78 448	0·48	10,21 552	9,93 154	0·13	40
22	71 643	0·85	78 505	0·48	21 495	93 138	0·13	38
24	71 685	0·84	78 562	0·47	21 438	93 123	0·13	36
26	71 726	0·84	78 618	0·48	21 382	93 108	0·13	34
28	71 767	0·85	78 675	0·48	21 325	93 092	0·13	32
30	9,71 809	0·84	9,78 732	0·48	10,21 268	9,93 077	0·13	30
32	71 850	0·84	78 789	0·47	21 211	93 061	0·13	28
34	71 891	0·84	78 845	0·48	21 155	93 046	0·13	26
36	71 932	0·84	78 902	0·48	21 098	93 030	0·13	24
38	71 973	0·84	78 959	0·47	21 041	93 014	0·13	22
40	9,72 014	0·84	9,79 015	0·48	10,20 985	9,92 999	0·13	20
42	72 055	0·84	79 072	0·47	20 928	92 983	0·13	18
44	72 096	0·84	79 128	0·48	20 872	92 968	0·13	16
46	72 137	0·83	79 185	0·47	20 815	92 952	0·13	14
48	72 177	0·84	79 241	0·47	20 759	92 936	0·13	12
50	9,72 218	0·84	9,79 297	0·48	10,20 703	9,92 921	0·13	10
52	72 259	0·83	79 354	0·47	20 646	92 905	0·13	8
54	72 299	0·84	79 410	0·47	20 590	92 889	0·13	6
56	72 340	0·84	79 466	0·48	20 534	92 874	0·13	4
58	72 381	0·83	79 523	0·47	20 477	92 858	0·13	2
60	72 421		79 579		20 421	92 842		0
M.	log cos	D. 1″	log ctg	g.D.1″	log tg	log sin	D. 1″	M.

 C.

M.	log sin	D. 1″	log tg	g.D.1″	log ctg	log cos	D. 1″	M.
0	9,72 421		9,79 579		10,20 421	9,92 842		60
		0·33		0·47			0·13	
2	72 461		79 635		20 365	92 826		58
		0·34		0·47			0·13	
4	72 502		79 691		20 309	92 810		56
		0·33		0·47			0·13	
6	72 542		79 747		20 253	92 795		54
		0·33		0·48			0·13	
8	72 582		79 804		20 196	92 779		52
		0·33		0·47			0·13	
10	9,72 622		9,79 860		10,20 140	9,92 763		50
		0·34		0·47			0·13	
12	72 663		79 916		20 084	92 747		48
		0·33		0·47			0·13	
14	72 703		79 972		20 028	92 731		46
		0·33		0·47			0·13	
16	72 743		80 028		19 972	92 715		44
		0·33		0·47			0·13	
18	72 783		80 084		19 916	92 699		42
		0·33		0·47			0·13	
20	9,72 823		9,80 140		10,19 860	9,92 683		40
		0·33		0·46			0·13	
22	72 863		80 195		19 805	92 667		38
		0·33		0·47			0·13	
24	72 902		80 251		19 749	92 651		36
		0·33		0·47			0·13	
26	72 942		80 307		19 693	92 635		34
		0·33		0·47			0·13	
28	72 982		80 363		19 637	92 619		32
		0·33		0·47			0·13	
30	9,73 022		9,80 419		10,19 581	9,92 603		30
		0·33		0·46			0·13	
32	73 061		80 474		19 526	92 587		28
		0·33		0·47			0·13	
34	73 101		80 530		19 470	92 571		26
		0·33		0·47			0·13	
36	73 140		80 586		19 414	92 555		24
		0·33		0·47			0·14	
38	73 180		80 642		19 358	92 538		22
		0·33		0·46			0·13	
40	9,73 219		9,80 697		10,19 303	9,92 522		20
		0·33		0·47			0·13	
42	73 259		80 753		19 247	92 506		18
		0·33		0·46			0·13	
44	73 298		80 808		19 192	92 490		16
		0·33		0·47			0·14	
46	73 337		80 864		19 136	92 473		14
		0·33		0·46			0·13	
48	73 377		80 919		19 081	92 457		12
		0·33		0·47			0·13	
50	9,73 416		9,80 975		10,19 025	9,92 441		10
		0·33		0·46			0·13	
52	73 455		81 030		18 970	92 425		8
		0·33		0·47			0·14	
54	73 494		81 086		18 914	92 408		6
		0·33		0·46			0·13	
56	73 533		81 141		18 859	92 392		4
		0·33		0·46			0·13	
58	73 572		81 196		18 804	92 376		2
		0·33		0·47			0·14	
60	73 611		81 252		18 748	92 359		0
M.	log cos	D. 1″	log ctg	g.D.1″	log tg	log sin	D. 1″	M.

 57°

M.	log sin	D. 1″	log tg	g.D.1″	log ctg	log cos	D. 1″	M.
0	9,73 611	0·33	9,81 252	0·46	10,18 748	9,92 359	0·13	60
2	73 650	0·33	81 307	0·46	18 693	92 343	0·14	58
4	73 689	0·32	81 362	0·47	18 638	92 326	0·13	56
6	73 727	0·33	81 418	0·46	18 582	92 310	0·14	54
8	73 766	0·33	81 473	0·46	18 527	92 293	0·13	52
10	9,73 805	0·32	9,81 528	0·46	10,18 472	9,92 277	0·14	50
12	73 843	0·33	81 583	0·46	18 417	92 260	0·13	48
14	73 882	0·33	81 638	0·46	18 362	92 244	0·14	46
16	73 921	0·32	81 693	0·46	18 307	92 227	0·13	44
18	73 959	0·32	81 748	0·46	18 252	92 211	0·14	42
20	9,73 997	0·33	9,81 803	0·46	10,18 197	9,92 194	0·14	40
22	74 036	0·32	81 858	0·46	18 142	92 177	0·13	38
24	74 074	0·33	81 913	0·46	18 087	92 161	0·14	36
26	74 113	0·32	81 968	0·46	18 032	92 144	0·14	34
28	74 151	0·32	82 023	0·46	17 977	92 127	0·13	32
30	9,74 189	0·32	9,82 078	0·46	10,17 922	9,92 111	0·14	30
32	74 227	0·32	82 133	0·46	17 867	92 094	0·14	28
34	74 265	0·32	82 188	0·46	17 812	92 077	0·14	26
36	74 303	0·32	82 243	0·46	17 757	92 060	0·13	24
38	74 341	0·32	82 298	0·45	17 702	92 044	0·14	22
40	9,74 379	0·32	9,82 352	0·46	10,17 648	9,92 027	0·14	20
42	74 417	0·32	82 407	0·46	17 593	92 010	0·14	18
44	74 455	0·32	82 462	0·46	17 538	91 993	0·14	16
46	74 493	0·32	82 517	0·45	17 483	91 976	0·14	14
48	74 531	0·31	82 571	0·46	17 429	91 959	0·14	12
50	9,74 568	0·32	9,82 626	0·46	10,17 374	9,91 942	0·14	10
52	74 606	0·32	82 681	0·45	17 319	91 925	0·14	8
54	74 644	0·31	82 735	0·46	17 265	91 908	0·14	6
56	74 681	0·32	82 790	0·45	17 210	91 891	0·14	4
58	74 719	0·31	82 844	0·46	17 156	91 874	0·14	2
60	74 756		82 899		17 101	91 857		0
M.	log cos	D. 1″	log ctg	g.D.1″	log tg	log sin	D. 1″	M.

M.	log sin	D. 1″	log tg	g.D.1″	log ctg	log cos	D. 1″	M.
0	9,74 756	0·32	9,82 899	0·45	10,17 101	9,91 857	0·14	60
2	74 794	0·31	82 953	0·46	17 047	91 840	0·14	58
4	74 831	0·31	83 008	0·45	16 992	91 823	0·14	56
6	74 868	0·32	83 062	0·46	16 938	91 806	0·14	54
8	74 906	0·31	83 117	0·45	16 883	91 789	0·14	52
10	9,74 943	0·31	9,83 171	0·45	10,16 829	9,91 772	0·14	50
12	74 980	0·31	83 225	0·46	16 775	91 755	0·14	48
14	75 017	0·31	83 280	0·45	16 720	91 738	0·15	46
16	75 054	0·31	83 334	0·45	16 666	91 720	0·14	44
18	75 091	0·31	83 388	0·45	16 612	91 703	0·14	42
20	9,75 128	0·31	9,83 442	0·46	10,16 558	9,91 686	0·14	40
22	75 165	0·31	83 497	0·45	16 503	91 669	0·15	38
24	75 202	0·31	83 551	0·45	16 449	91 651	0·14	36
26	75 239	0·31	83 605	0·45	16 395	91 634	0·14	34
28	75 276	0·31	83 659	0·45	16 341	91 617	0·15	32
30	9,75 313	0·31	9,83 713	0·46	10,16 287	9,91 599	0·14	30
32	75 350	0·30	83 768	0·45	16 232	91 582	0·14	28
34	75 386	0·31	83 822	0·46	16 178	91 565	0·15	26
36	75 423	0·30	83 876	0·45	16 124	91 547	0·14	24
38	75 459	0·31	83 930	0·45	16 070	91 530	0·15	22
40	9,75 496	0·31	9,83 984	0·45	10,16 016	9,91 512	0·14	20
42	75 533	0·30	84 038	0·45	15 962	91 495	0·15	18
44	75 569	0·30	84 092	0·45	15 908	91 477	0·14	16
46	75 605	0·31	84 146	0·45	15 854	91 460	0·15	14
48	75 642	0·30	84 200	0·45	15 800	91 442	0·14	12
50	9,75 678	0·30	9,84 254	0·44	10,15 746	9,91 425	0·15	10
52	75 714	0·31	84 307	0·45	15 693	91 407	0·15	8
54	75 751	0·30	84 361	0·45	15 639	91 389	0·14	6
56	75 787	0·30	84 415	0·45	15 585	91 372	0·15	4
58	75 823	0·30	84 469	0·45	15 531	91 354	0·15	2
60	75 859		84 523		15 477	91 336		0
M.	log cos	D. 1″	log ctg	g.D.1″	log tg	log sin	D. 1″	M.

35° **C.**

M.	log sin	D. 1″	log tg	g.D.1″	log ctg	log cos	D. 1″	M.
0	9,75 859	0·30	9,84 523	0·44	10,15 477	9,91 336	0·14	60
2	75 895	0·30	84 576	0·45	15 424	91 319	0·15	58
4	75 931	0·30	84 630	0·45	15 370	91 301	0·15	56
6	75 967	0·30	84 684	0·45	15 316	91 283	0·14	54
8	76 003	0·30	84 738	0·44	15 262	91 266	0·15	52
10	9,76 039	0·30	9,84 791	0·45	10,15 209	9,91 248	0·15	50
12	76 075	0·30	84 845	0·45	15 155	91 230	0·15	48
14	76 111	0·29	84 899	0·44	15 101	91 212	0·15	46
16	76 146	0·30	84 952	0·45	15 048	91 194	0·15	44
18	76 182	0·30	85 006	0·44	14 994	91 176	0·15	42
20	9,76 218	0·29	9,85 059	0·45	10,14 941	9,91 158	0·14	40
22	76 253	0·30	85 113	0·44	14 887	91 141	0·15	38
24	76 289	0·29	85 166	0·45	14 834	91 123	0·15	36
26	76 324	0·30	85 220	0·44	14 780	91 105	0·15	34
28	76 360	0·29	85 273	0·45	14 727	91 087	0·15	32
30	9,76 395	0·30	9,85 327	0·44	10,14 673	9,91 069	0·15	30
32	76 431	0·29	85 380	0·45	14 620	91 051	0·15	28
34	76 466	0·29	85 434	0·44	14 566	91 033	0·16	26
36	76 501	0·30	85 487	0·44	14 513	91 014	0·15	24
38	76 537	0·29	85 540	0·45	14 460	90 996	0·15	22
40	9,76 572	0·29	9,85 594	0·44	10,14 406	9,90 978	0·15	20
42	76 607	0·29	85 647	0·44	14 353	90 960	0·15	18
44	76 642	0·29	85 700	0·45	14 300	90 942	0·15	16
46	76 677	0·29	85 754	0·44	14 246	90 924	0·15	14
48	76 712	0·29	85 807	0·44	14 193	90 906	0·16	12
50	9,76 747	0·29	9,85 860	0·44	10,14 140	9,90 887	0·15	10
52	76 782	0·29	85 913	0·45	14 087	90 869	0·15	8
54	76 817	0·29	85 967	0·44	14 033	90 851	0·16	6
56	76 852	0·29	86 020	0·44	13 980	90 832	0·15	4
58	76 887	0·29	86 073	0·44	13 927	90 814	0·15	2
60	76 922		86 126		13 874	90 796		0
M.	log cos	D. 1″	log ctg	g.D.1″	log tg	log sin	D. 1″	M.

 54°

36° **C.**

M.	log sin	D. 1″	log tg	g.D.1″	log ctg	log cos	D. 1″	M.
0	9,76 922	0·29	9,86 126	0·44	10,13 874	9,90 796	0·16	60
2	76 957	0·28	86 179	0·44	13 821	90 777	0·15	58
4	76 991	0·29	86 232	0·44	13 768	90 759	0·15	56
6	77 026	0·29	86 285	0·44	13 715	90 741	0·16	54
8	77 061	0·28	86 338	0·45	13 662	90 722	0·15	52
10	9,77 095	0·29	9,86 392	0·44	10,13 608	9,90 704	0·16	50
12	77 130	0·28	86 445	0·44	13 555	90 685	0·15	48
14	77 164	0·29	86 498	0·44	13 502	90 667	0·16	46
16	77 199	0·28	86 551	0·43	13 449	90 648	0·15	44
18	77 233	0·29	86 603	0·44	13 397	90 630	0·16	42
20	9,77 268	0·28	9,86 656	0·44	10,13 344	9,90 611	0·16	40
22	77 302	0·28	86 709	0·44	13 291	90 592	0·15	38
24	77 336	0·28	86 762	0·44	13 238	90 574	0·16	36
26	77 370	0·29	86 815	0·44	13 185	90 555	0·15	34
28	77 405	0·28	86 868	0·44	13 132	90 537	0·16	32
30	9,77 439	0·28	9,86 921	0·44	10,13 079	9,90 518	0·16	30
32	77 473	0·28	86 974	0·44	13 026	90 499	0·16	28
34	77 507	0·28	87 027	0·43	12 973	90 480	0·15	26
36	77 541	0·28	87 079	0·44	12 921	90 462	0·16	24
38	77 575	0·28	87 132	0·44	12 868	90 443	0·16	22
40	9,77 609	0·28	9,87 185	0·44	10,12 815	9,90 424	0·16	20
42	77 643	0·28	87 238	0·43	12 762	90 405	0·16	18
44	77 677	0·28	87 290	0·44	12 710	90 386	0·15	16
46	77 711	0·28	87 343	0·44	12 657	90 368	0·16	14
48	77 744	0·28	87 396	0·43	12 604	90 349	0·16	12
50	9,77 778	0·28	9,87 448	0·44	10,12 552	9,90 330	0·16	10
52	77 812	0·28	87 501	0·44	12 499	90 311	0·16	8
54	77 846	0·28	87 554	0·43	12 446	90 292	0·16	6
56	77 879	0·28	87 606	0·44	12 394	90 273	0·16	4
58	77 913	0·28	87 659	0·43	12 341	90 254	0·16	2
60	77 946		87 711		12 289	90 235		0
M.	log cos	D. 1″	log ctg	g.D.1″	log tg	log sin	D. 1″	M.

53°

M.	log sin	D. 1″	log tg	g.D.1″	log ctg	log cos	D. 1″	M.
0	9,77 946	0·28	9,87 711	0·44	10,12 289	9,90 235	0·16	60
2	77 980	0·28	87 764	0·44	12 236	90 216	0·16	58
4	78 013	0·28	87 817	0·43	12 183	90 197	0·16	56
6	78 047	0·28	87 869	0·44	12 131	90 178	0·16	54
8	78 080	0·28	87 922	0·43	12 078	90 159	0·17	52
10	9,78 113	0·28	9,87 974	0·44	10,12 026	9,90 139	0·16	50
12	78 147	0·28	88 027	0·43	11 973	90 120	0·16	48
14	78 180	0·28	88 079	0·43	11 921	90 101	0·16	46
16	78 213	0·28	88 131	0·44	11 869	90 082	0·16	44
18	78 246	0·28	88 184	0·43	11 816	90 063	0·17	42
20	9,78 280	0·28	9,88 236	0·44	10,11 764	9,90 043	0·16	40
22	78 313	0·28	88 289	0·43	11 711	90 024	0·16	38
24	78 346	0·28	88 341	0·43	11 659	90 005	0·17	36
26	78 379	0·28	88 393	0·44	11 607	89 985	0·16	34
28	78 412	0·28	88 446	0·43	11 554	89 966	0·16	32
30	9,78 445	0·28	9,88 498	0·43	10,11 502	9,89 947	0·17	30
32	78 478	0·27	88 550	0·44	11 450	89 927	0·16	28
34	78 510	0·28	88 603	0·43	11 397	89 908	0·17	26
36	78 543	0·28	88 655	0·43	11 345	89 888	0·16	24
38	78 576	0·28	88 707	0·43	11 293	89 869	0·17	22
40	9,78 609	0·28	9,88 759	0·44	10,11 241	9,89 849	0·16	20
42	78 642	0·27	88 812	0·43	11 188	89 830	0·17	18
44	78 674	0·28	88 864	0·43	11 136	89 810	0·16	16
46	78 707	0·27	88 916	0·43	11 084	89 791	0·17	14
48	78 739	0·28	88 968	0·43	11 032	89 771	0·16	12
50	9,78 772	0·28	9,89 020	0·44	10,10 980	9,89 752	0·17	10
52	78 805	0·27	89 073	0·43	10 927	89 732	0·17	8
54	78 837	0·27	89 125	0·43	10 875	89 712	0·16	6
56	78 869	0·28	89 177	0·43	10 823	89 693	0·17	4
58	78 902	0·27	89 229	0·43	10 771	89 673	0·17	2
60	78 934		89 281		10 719	89 653		0
M.	log cos	D. 1″	log ctg	g.D.1″	log tg	log sin	D. 1″	M.

M.	log sin	D. 1″	log tg	g.D.1″	log ctg	log cos	D. 1″	M.
0	9,78 934	0·28	9,89 281	0·43	10,10 719	9,89 653	0·17	60
2	78 967	0·27	89 333	0·43	10 667	89 633	0·16	58
4	78 999	0·27	89 385	0·43	10 615	89 614	0·17	56
6	79 031	0·27	89 437	0·43	10 563	89 594	0·17	54
8	79 063	0·27	89 489	0·43	10 511	89 574	0·17	52
10	9,79 095	0·28	9,89 541	0·43	10,10 459	9,89 554	0·17	50
12	79 128	0·27	89 593	0·43	10 407	89 534	0·17	48
14	79 160	0·27	89 645	0·43	10 355	89 514	0·16	46
16	79 192	0·27	89 697	0·43	10 303	89 495	0·17	44
18	79 224	0·27	89 749	0·43	10 251	89 475	0·17	42
20	9,79 256	0·27	9,89 801	0·43	10,10 199	9,89 455	0·17	40
22	79 288	0·26	89 853	0·43	10 147	89 435	0·17	38
24	79 319	0·27	89 905	0·43	10 095	89 415	0·17	36
26	79 351	0·27	89 957	0·43	10 043	89 395	0·17	34
28	79 383	0·27	90 009	0·43	09 991	89 375	0·18	32
30	9,79 415	0·27	9,90 061	0·43	10,09 939	9,89 354	0·17	30
32	79 447	0·26	90 112	0·43	09 888	89 334	0·17	28
34	79 478	0·27	90 164	0·43	09 836	89 314	0·17	26
36	79 510	0·27	90 216	0·43	09 784	89 294	0·17	24
38	79 542	0·26	90 268	0·43	09 732	89 274	0·17	22
40	9,79 573	0·27	9,90 320	0·43	10,09 680	9,89 254	0·18	20
42	79 605	0·26	90 371	0·43	09 629	89 233	0·17	18
44	79 636	0·27	90 423	0·43	09 577	89 213	0·17	16
46	79 668	0·26	90 475	0·43	09 525	89 193	0·17	14
48	79 699	0·27	90 527	0·43	09 473	89 173	0·18	12
50	9,79 731	0·26	9,90 578	0·43	10,09 422	9,89 152	0·17	10
52	79 762	0·26	90 630	0·43	09 370	89 132	0·17	8
54	79 793	0·27	90 682	0·43	09 318	89 112	0·18	6
56	79 825	0·26	90 734	0·43	09 266	89 091	0·17	4
58	79 856	0·26	90 785	0·43	09 215	89 071	0·18	2
60	79 887		90 837		09 163	89 050		0
M.	log cos	D. 1″	log ctg	g.D.1″	log tg	log sin	D. 1″	M.

M.	log sin	D. 1″	log tg	g.D. 1″	log ctg	log cos	D. 1″	M.
0	9,79 887	0·26	9,90 837	0·43	10,09 163	9,89 050	0·17	60
2	79 918	0·27	90 889	0·43	09 111	89 030	0·18	58
4	79 950	0·26	90 940	0·43	09 060	89 009	0·17	56
6	79 981	0·26	90 992	0·43	09 008	88 989	0·18	54
8	80 012	0·26	91 043	0·43	08 957	88 968	0·17	52
10	9,80 043	0·26	9,91 095	0·43	10,08 905	9,88 948	0·18	50
12	80 074	0·26	91 147	0·43	08 853	88 927	0·18	48
14	80 105	0·26	91 198	0·43	08 802	88 906	0·17	46
16	80 136	0·25	91 250	0·43	08 750	88 886	0·18	44
18	80 166	0·26	91 301	0·43	08 699	88 865	0·18	42
20	9,80 197	0·26	9,91 353	0·43	10,08 647	9,88 844	0·17	40
22	80 228	0·26	91 404	0·43	08 596	88 824	0·18	38
24	80 259	0·26	91 456	0·43	08 544	88 803	0·18	36
26	80 290	0·25	91 507	0·43	08 493	88 782	0·18	34
28	80 320	0·26	91 559	0·43	08 441	88 761	0·17	32
30	9,80 351	0·26	9,91 610	0·43	10,08 390	9,88 741	0·18	30
32	80 382	0·25	91 662	0·43	08 338	88 720	0·18	28
34	80 412	0·26	91 713	0·43	08 287	88 699	0·18	26
36	80 443	0·25	91 765	0·43	08 235	88 678	0·18	24
38	80 473	0·26	91 816	0·43	08 184	88 657	0·18	22
40	9,80 504	0·25	9,91 868	0·43	10,08 132	9,88 636	0·18	20
42	80 534	0·26	91 919	0·43	08 081	88 615	0·18	18
44	80 565	0·25	91 971	0·43	08 029	88 594	0·18	16
46	80 595	0·25	92 022	0·43	07 978	88 573	0·18	14
48	80 625	0·26	92 073	0·43	07 927	88 552	0·18	12
50	9,80 656	0·25	9,92 125	0·43	10,07 875	9,88 531	0·18	10
52	80 686	0·25	92 176	0·43	07 824	88 510	0·18	8
54	80 716	0·25	92 227	0·43	07 773	88 489	0·18	6
56	80 746	0·26	92 279	0·43	07 721	88 468	0·18	4
58	80 777	0·25	92 330	0·43	07 670	88 447	0·18	2
60	80 807		92 381		07 619	88 425		0
M.	log cos	D. 1″	log ctg	g.D. 1″	log tg	log sin	D. 1″	M.

40° **C.**

M.	log sin	D. 1″	log tg	g.D.1″	log ctg	log cos	D. 1″	M.
0	9,80 807	0·25	9,92 381	0·43	10,07 619	9,88 425	0·18	**60**
2	80 837	0·25	92 433	0·43	07 567	88 404	0·18	**58**
4	80 867	0·25	92 484	0·43	07 516	88 383	0·18	**56**
6	80 897	0·25	92 535	0·43	07 465	88 362	0·18	**54**
8	80 927	0·25	92 587	0·43	07 413	88 340	0·18	**52**
10	9,80 957	0·25	9,92 638	0·43	10,07 362	9,88 319	0·18	**50**
12	80 987	0·25	92 689	0·43	07 311	88 298	0·18	**48**
14	81 017	0·25	92 740	0·43	07 260	88 276	0·18	**46**
16	81 047	0·24	92 792	0·43	07 208	88 255	0·18	**44**
18	81 076	0·25	92 843	0·43	07 157	88 234	0·18	**42**
20	9,81 106	0·25	9,92 894	0·43	10,07 106	9,88 212	0·18	**40**
22	81 136	0·25	92 945	0·43	07 055	88 191	0·18	**38**
24	81 166	0·24	92 996	0·43	07 004	88 169	0·18	**36**
26	81 195	0·25	93 048	0·43	06 952	88 148	0·18	**34**
28	81 225	0·24	93 099	0·43	06 901	88 126	0·18	**32**
30	9,81 254	0·25	9,93 150	0·43	10,06 850	9,88 105	0·18	**30**
32	81 284	0·25	93 201	0·43	06 799	88 083	0·18	**28**
34	81 314	0·24	93 252	0·43	06 748	88 061	0·18	**26**
36	81 343	0·24	93 303	0·43	06 697	88 040	0·18	**24**
38	81 372	0·25	93 354	0·43	06 646	88 018	0·18	**22**
40	9,81 402	0·24	9,93 406	0·43	10,06 594	9,87 996	0·18	**20**
42	81 431	0.25	93 457	0·43	06 543	87 975	0·18	**18**
44	81 461	0·24	93 508	0·43	06 492	87 953	0·18	**16**
46	81 490	0·24	93 559	0·43	06 441	87 931	0·18	**14**
48	81 519	0·25	93 610	0·43	06 390	87 909	0·18	**12**
50	9,81 549	0·24	9,93 661	0·43	10,06 339	9,87 887	0·18	**10**
52	81 578	0·24	93 712	0·43	06 288	87 866	0·18	**8**
54	81 607	0·24	93 763	0·43	06 237	87 844	0·18	**6**
56	81 636	0·24	93 814	0·43	06 186	87 822	0·18	**4**
58	81 665	0·24	93 865	0·43	06 135	87 800	0·18	**2**
60	81 694		93 916		06 084	87 778		**0**
M.	log cos	D. 1″	log ctg	g.D.1″	log tg	log sin	D. 1″	M.

49°

M.	log sin	D. 1″	log tg	g.D.1″	log ctg	log cos	D. 1″	M.
0	9,81 694	0·24	9,93 916	0·43	10,06 084	9,87 778	0·18	60
2	81 723	0·24	93.967	0·43	06 033	87 756	0·18	58
4	81 752	0·24	94 018	0·43	05 982	87 734	0·18	56
6	81 781	0·24	94 069	0·43	05 931	87 712	0·18	54
8	81 810	0·24	94 120	0·43	05 880	87 690	0·18	52
10	9,81 839	0·24	9,94 171	0·43	10,05 829	9,87 668	0·18	50
12	81 868	0·24	94 222	0·43	05 778	87 646	0·18	48
14	81 897	0·24	94 273	0·43	05 727	87 624	0·19	46
16	81 926	0·24	94 324	0·43	05 676	87 601	0·18	44
18	81 955	0·23	94 375	0·43	05 625	87 579	0·18	42
20	9,81 983	0·24	9,94 426	0·43	10,05 574	9,87 557	0·18	40
22	82 012	0·24	94 477	0·43	05 523	87 535	0·18	38
24	82 041	0·23	94 528	0·43	05 472	87 513	0·19	36
26	82 069	0·24	94 579	0·43	05 421	87 490	0·18	34
28	82 098	0·23	94 630	0·43	05 370	87 468	0·18	32
30	9,82 126	0·24	9,94 681	0·43	10,05 319	9,87 446	0·19	30
32	82 155	0·24	94 732	0·43	05 268	87 423	0·18	28
34	82 184	0·23	94 783	0·43	05 217	87 401	0·19	26
36	82 212	0·23	94 834	0·42	05 166	87 378	0·18	24
38	82 240	0·24	94 884	0·43	05 116	87 356	0·18	22
40	9,82 269	0·23	9,94 935	0·43	10,05 065	9,87 334	0·19	20
42	82 297	0·24	94 986	0·43	05 014	87 311	0·19	18
44	82 326	0·23	95 037	0·43	04 963	87 288	0·18	16
46	82 354	0·23	95 088	0·43	04 912	87 266	0·19	14
48	82 382	0·23	95 139	0·43	04 861	87 243	0·18	12
50	9,82 410	0·24	9,95 190	0·42	10,04 810	9,87 221	0·19	10
52	82 439	0·23	95 240	0·43	04 760	87 198	0·19	8
54	82 467	0·23	95 291	0·43	04 709	87 175	0·18	6
56	82 495	0·23	95 342	0·43	04 658	87 153	0·19	4
58	82 523	0·23	95 393	0·43	04 607	87 130	0·19	2
60	82 551		95 444		04 556	87 107		0
M.	log cos	D. 1″	log ctg	g.D.1″	log tg	log sin	D. 1″	M.

M.	log sin	D. 1″	log tg	g.D. 1″	log ctg	log cos	D. 1″	M.
0	9,82 551	0·23	9,95 444	0·43	10,04 556	9,87 107	0·18	60
2	82 579	0·23	95 495	0·42	04 505	87 085	0·19	58
4	82 607	0·23	95 545	0·43	04 455	87 062	0·19	56
6	82 635	0·23	95 596	0·43	04 404	87 039	0·19	54
8	82 663	0·23	95 647	0·43	04 353	87 016	0·19	52
10	9,82 691	0·23	9,95 698	0·42	10,04 302	9,86 993	0·19	50
12	82 719	0·23	95 748	0·43	04 252	86 970	0·19	48
14	82 747	0·23	95 799	0·43	04 201	86 947	0·19	46
16	82 775	0·23	95 850	0·43	04 150	86 924	0·18	44
18	82 802	0·23	95 901	0·43	04 099	86 902	0·19	42
20	9,82 830	0·23	9,95 952	0·42	10,04 048	9,86 879	0·20	40
22	82 858	0·23	96 002	0·43	03 998	86 855	0·19	38
24	82 885	0·23	96 053	0·43	03 947	86 832	0·19	36
26	82 913	0·23	96 104	0·43	03 896	86 809	0·19	34
28	82 941	0·23	96 155	0·42	03 845	86 786	0·19	32
30	9,82 968	0·23	9,96 205	0·43	10,03 795	9,86 763	0·19	30
32	82 996	0·23	96 256	0·43	03 744	86 740	0·19	28
34	83 023	0·23	96 307	0·42	03 693	86 717	0·19	26
36	83 051	0·23	96 357	0·43	03 643	86 694	0·20	24
38	83 078	0·23	96 408	0·43	03 592	86 670	0·19	22
40	9,83 106	0·23	9,96 459	0·43	10,03 541	9,86 647	0·19	20
42	83 133	0·23	96 510	0·42	03 490	86 624	0·20	18
44	83 161	0·23	96 560	0·43	03 440	86 600	0·19	16
46	83 188	0·23	96 611	0·43	03 389	86 577	0·19	14
48	83 215	0·23	96 662	0·42	03 338	86 554	0·20	12
50	9,83 242	0·23	9,96 712	0·43	10,03 288	9,86 530	0·19	10
52	83 270	0·23	96 763	0·43	03 237	86 507	0·20	8
54	83 297	0·23	96 814	0·42	03 186	86 483	0·19	6
56	83 324	0·23	96 864	0·43	03 136	86 460	0·20	4
58	83 351	0·23	96 915	0·43	03 085	86 436	0·19	2
60	83 378		96 966		03 034	86 413		0
M.	log cos	D. 1″	log ctg	g.D. 1″	log tg	log sin	D. 1″	M.

47°

43° **C.**

M.	log sin	D. 1″	log tg	g.D.1″	log ctg	log cos	D. 1″	M.
0	9,83 378		9,96 966		10,03 034	9,86 413		60
		0·23		0·42			0·20	
2	83 405		97 016		02 984	86 389		58
		0·23		0·43			0·19	
4	83 432		97 067		02 933	86 366		56
		0·23		0·43			0·20	
6	83 459		97 118		02 882	86 342		54
		0·23		0·42			0·20	
8	83 486		97 168		02 832	86 318		52
		0·23		0·43			0·19	
10	9,83 513		9,97 219		10,02 781	9,86 295		50
		0·23		0·42			0·20	
12	83 540		97 269		02 731	86 271		48
		0·23		0·43			0·20	
14	83 567		97 320		02 680	86 247		46
		0·23		0·43			0·20	
16	83 594		97 371		02 629	86 223		44
		0·23		0·42			0·19	
18	83 621		97 421		02 579	86 200		42
		0·23		0·43			0·20	
20	9,83 648		9,97 472		10,02 528	9,86 176		40
		0·22		0·43			0·20	
22	83 674		97 523		02 477	86 152		38
		0·23		0·42			0·20	
24	83 701		97 573		02 427	86 128		36
		0·23		0·43			0·20	
26	83 728		97 624		02 376	86 104		34
		0·23		0·42			0·20	
28	83 755		97 674		02 326	86 080		32
		0·22		0·43			0·20	
30	9,83 781		9,97 725		10,02 275	9,86 056		30
		0·23		0·43			0·20	
32	83 808		97 776		02 224	86 032		28
		0·22		0·42			0·20	
34	83 834		97 826		02 174	86 008		26
		0·23		0·43			0·20	
36	83 861		97 877		02 123	85 984		24
		0·22		0·42			0·20	
38	83 887		97 927		02 073	85 960		22
		0·23		0·43			0·20	
40	9,83 914		9,97 978		10,02 022	9,85 936		20
		0·22		0·43			0·20	
42	83 940		98 029		01 971	85 912		18
		0·23		0·42			0·20	
44	83 967		98 079		01 921	85 888		16
		0·22		0·43			0·20	
46	83 993		98 130		01 870	85 864		14
		0·23		0·42			0·21	
48	84 020		98 180		01 820	85 839		12
		0·22		0·43			0·20	
50	9,84 046		9,98 231		10,01 769	9,85 815		10
		0·22		0·42			0·20	
52	84 072		98 281		01 719	85 791		8
		0·22		0·43			0·21	
54	84 098		98 332		01 668	85 766		6
		0·23		0·43			0·20	
56	84 125		98 383		01 617	85 742		4
		0·22		0·42			0·20	
58	84 151		98 433		01 567	85 718		2
		0·22		0·43			0·21	
60	84 177		98 484		01 516	85 693		0
M.	log cos	D. 1″	log ctg	g.D.1″	log tg	log sin	D. 1″	M.

46°

44° **C.**

M.	log sin	D. 1″	log tg	g.D. 1″	log ctg	log cos	D. 1″	M.
0	9,84 177	0·22	9,98 484	0·42	10,01 516	9,85 693	0·20	60
2	84 203	0·22	98 534	0·43	01 466	85 669	0·20	58
4	84 229	0·22	98 585	0·42	01 415	85 645	0·21	56
6	84 255	0·23	98 635	0·43	01 365	85 620	0·20	54
8	84 282	0·22	98 686	0·43	01 314	85 596	0·21	52
10	9,84 308	0·22	9,98 737	0·42	10,01 263	9,85 571	0·20	50
12	84 334	0·22	98 787	0·43	01 213	85 547	0·21	48
14	84 360	0·21	98 838	0·42	01 162	85 522	0·21	46
16	84 385	0·22	98 888	0·43	01 112	85 497	0·20	44
18	84 411	0·22	98 939	0·42	01 061	85 473	0·21	42
20	9,84 437	0·22	9,98 989	0·43	10,01 011	9,85 448	0·21	40
22	84 463	0·22	99 040	0·42	00 960	85 423	0·20	38
24	84 489	0·22	99 090	0·43	00 910	85 399	0·21	36
26	84 515	0·21	99 141	0·42	00 859	85 374	0·21	34
28	84 540	0·22	99 191	0·43	00 809	85 349	0·21	32
30	9,84 566	0·22	9,99 242	0·43	10,00 758	9,85 324	0·21	30
32	84 592	0·22	99 293	0·42	00 707	85 299	0·21	28
34	84 618	0·21	99 343	0·43	00 657	85 274	0·20	26
36	84 643	0·22	99 394	0·42	00 606	85 250	0·21	24
38	84 669	0·21	99 444	0·43	00 556	85 225	0·21	22
40	9,84 694	0·22	9,99 495	0·42	10,00 505	9,85 200	0·21	20
42	84 720	0·21	99 545	0·43	00 455	85 175	0·21	18
44	84 745	0·22	99 596	0·42	00 404	85 150	0·21	16
46	84 771	0·21	99 646	0·43	00 354	85 125	0·21	14
48	84 796	0·22	99 697	0·42	00 303	85 100	0·21	12
50	9,84 822	0·21	9,99 747	0·43	10,00 253	9,85 074	0·21	10
52	84 847	0·22	99 798	0·42	00 202	85 049	0·21	8
54	84 873	0·21	99 848	0·43	00 152	85 024	0·21	6
56	84 898	0·21	99 899	0·42	00 101	84 999	0·21	4
58	84 923	0·22	99 949	0·43	00 051	84 974	0·21	2
60	84 949		10,00 000		10,00 000	84 949		0
M.	log cos	D. 1″	log ctg	g.D. 1″	log tg	log sin	D. 1″	M.

45°

D. E. Gebrauchsanweisung.

Für jeden **kleinen Winkel** x **ist nahezu** $\sin x = \operatorname{tg} x = \operatorname{arc} x$; **daraus** ergeben sich die Formeln

$$\log\sin x = \log X + S \quad (1)$$

$$\log\operatorname{tg} x = \log X + T \quad (2)$$

wobei X die Zahl der Sekunden des Winkels x bedeutet, S und T aus den untenstehenden Tabellen D und E zu entnehmen sind. Mit Hilfe der Formeln (1) und (2) geschieht **die genaue Rechnung mit kleinen Winkeln, wozu die Tabellen C nicht ausreichen:**

a) **Es sei** $\log\sin 1^\circ 15' 37''$ **zu berechnen.** Es ist $1^\circ 15' 37'' = 4537'' = X$; dem entspricht $S = 4{,}68\,554$ (-10), also ist $\log\sin 1^\circ 15' 37'' = \log 4537 + 4{,}68\,554$.

b) **Es sei** $\log\operatorname{tg} 89^\circ 17' 23''$ **zu bestimmen.** Zunächst beachte man, daß $\log\operatorname{tg} 89^\circ 17' 23'' = \log\operatorname{ctg} 0^\circ 42' 37'' = -\log\operatorname{tg} 0^\circ 42' 37''$; man verwandle nun $0^\circ 42' 37''$ in Sekunden, man erhält $X = 2557$ und daraus nach Tabelle E das zugehörige $T = 4{,}68\,560\ldots$

c) **Gegeben sei** $\log\operatorname{tg} x = 8{,}19\,403$; x **sei zu berechnen.** Wie man aus Seite 44 ersieht, liegt x zwischen $0^\circ 53'$ und $0^\circ 54'$; zur genauen Bestimmung von x genügt aber diese Seite nicht; man muß zu diesem Zwecke die Tabelle E benützen: Der gegebene Logarithmus liegt zwischen 8,15 924 und 8,22 142 von E, das zugehörige T ist also 4,68 561; zieht man diese Zahl von dem gegebenen Logarithmus ab, so erhält man (Formel 2) $\log X$ und daraus den gesuchten Winkel x.

D

X	S	log sin x
0		— ∞
	4·68 557	
2409		8·06 740
	4·68 556	
3417		8·21 920
	4·68 555	
3600		8·24 186
	4 68 555	
4190		8·30 776
	4·68 554	
4840		8·37 038
	4·68 553	
5414		8·41 904
	4·68 552	
5932		8·45 872
	4·68 551	
6408		8·49 223
	4·68 550	
6851		8·52 125
	4·68 549	
7206		8·54 318

E

X	T	log tg x
0		— ∞
	4·68 557	
200		6·98 660
	4·68 558	
1726		7·92 263
	4·68 559	
2432		8·07 156
	4·68 560	
2976		8·15 924
	4·68 561	
3434		8·22 142
	4·68 562	
3600		8·24 192
	4·68 562	
3838		8·26 973
	4·68 563	
4204		8·30 930
	4·68 564	
4540		8·34 270
	4·68 565	
4852		8·37 158
	4·68 566	
5146		8·39 713
	4·68 567	
5424		8·41 999
	4·68 568	
5689		8·44 072
	4·68 569	
5941		8·45 955
	4·68 570	
6184		8·47 697
	4·68 571	
6417		8·49 305
	4·68 572	
6642		8·50 802
	4·68 573	
6859		8·52 200
	4·68 574	
7070		8·53 516
	4·68 575	
7202		8·54 320

Tafel für 10^n, n von 0,9 bis 0,000 001, zur Berechnung der gemeinen Logarithmen. **F.**

n		10^n	n		10^n	n		10^n
1. Dezimalstelle	9	7, 94 328	3. Dezimalstelle	9	1, 02 094	5. Dezimalstelle	9	1, 00 021
	8	6, 30 957		8	1, 01 859		8	1, 00 018
	7	5, 01 187		7	1, 01 625		7	1, 00 016
	6	3, 98 107		6	1, 01 391		6	1, 00 014
	5	3, 16 228		5	1, 01 158		5	1, 00 012
	4	2, 51 189		4	1, 00 925		4	1, 00 009
	3	1, 99 526		3	1, 00 693		3	1, 00 007
	2	1, 58 489		2	1, 00 462		2	1, 00 005
	1	1, 25 893		1	1, 00 231		1	1, 00 002
2. Dezimalstelle	9	1, 23 027	4. Dezimalstelle	9	1, 00 207	6. Dezimalstelle	9	1, 00 002
	8	1, 20 226		8	1, 00 184		8	1, 00 002
	7	1, 17 490		7	1, 00 161		7	1, 00 002
	6	1, 14 815		6	1, 00 138		6	1, 00 001
	5	1, 12 202		5	1, 00 115		5	1, 00 001
	4	1, 09 648		4	1, 00 092		4	1, 00 001
	3	1, 07 152		3	1, 00 069		3	1, 00 001
	2	1, 04 712		2	1, 00 046		2	1, 00 000
	1	1, 02 329		1	1, 00 023		1	1, 00 000

Beispiel: Es sei log 3 zu berechnen: Die an 3 nächstliegende kleinere Zahl obiger Tafel ist 2,51 189, man dividiert 3 durch 2,51 189 und erhält dadurch 3 = 2,51 189 · 1,19 433; 1,19 433 dividiert man durch die nächstliegende Zahl 1,17 490 der Tafel usw.; man erhält schließlich 3 = 2,51 189 · 1,17 490 · 1,01 625 · 1,00 207 · 1,00 005; die Logarithmen dieser Faktoren sind der Reihe nach 0,4; 0,07; 0,007; 0,0001; 0,00 002, also log 3 = 0,47 712.

G. Häufig vorkommende Zahlenwerte.

$e = 2{,}718\,281\,83$	$\log e = 0{,}434\,294\,48$
$M = \log e = 0{,}434\,294\,48$	$\log M = 9{,}637\,784\,31-10$
$1 : M = 2{,}302\,585\,09$	$\log (1 : M) = 0{,}362\,215\,69$
$\pi = 3{,}141\,592\,65$	$\log \pi = 0{,}497\,149\,87$
$1 : \pi = 0{,}318\,309\,89$	$\log (1 : \pi) = 9{,}502\,850\,13-10$
$\pi^2 = 9{,}869\,604\,40$	$\log \pi^2 = 0{,}994\,299\,75$
$\sqrt{\pi} = 1{,}772\,453\,85$	$\log \sqrt{\pi} = 0{,}248\,574\,94$
Der dem Halbmesser gleiche Bogen ist	
in Graden = 57,295 78	log der Zahl = 1,758 122 63
in Minuten = 3437,746 8	,, ,, ,, = 3,536 273 88
in Sek. = 206 264,806	,, ,, ,, = 5,314 425 13
$\sin 1^\circ = 0{,}174\,524\,06 \cdot 10^{-1}$	$\log \sin 1^0 = 8{,}241\,855\,32-10$
$\sin 1' = 0{,}290\,888\,20 \cdot 10^{-3}$	$\log \sin 1' = 6{,}463\,726\,11-10$
$\sin 1'' = 0{,}484\,813\,68 \cdot 10^{-5}$	$\log \sin 1'' = 4{,}685\,574\,87-10$

Um die gemeinen (oder Briggschen) Logarithmen in natürliche (oder Napiersche) Logarithmen zu verwandeln, muß man die ersteren mit $\frac{1}{M} = 2{,}302\,585\,09$ multiplizieren.

Umgekehrt erhält man die gemeinen Logarithmen aus den natürlichen durch Multiplikation der letzteren mit $M = \log e = 0{,}434\,294\,48$.

n	n^2	n^3	$\sqrt{n}$	$\sqrt[3]{n}$	$\frac{100}{n}$
1	1	1	1,0000	1,0000	100,0000
2	4	8	1,4142	1,2599	50,0000
3	9	27	1,7321	1,4422	33,3333
4	16	64	2,0000	1,5874	25,0000
5	25	125	2,2361	1,7100	20,0000
6	36	216	2,4495	1,8171	16,6667
7	49	343	2,6458	1,9129	14,2857
8	64	512	2,8284	2,0000	12,5000
9	81	729	3,0000	2,0801	11,1111
10	1 00	1 000	3,1623	2,1544	10,0000
11	1 21	1 331	3,3166	2,2240	9,09091
12	1 44	1 728	3,4641	2,2894	8,33333
13	1 69	2 197	3,6056	2,3513	7,69231
14	1 96	2 744	3,7417	2,4101	7,14286
15	2 25	3 375	3,8730	2,4662	6,66667
16	2 56	4 096	4,0000	2,5198	6,25000
17	2 89	4 913	4,1231	2,5713	5,88235
18	3 24	5 832	4,2426	2,6207	5,55556
19	3 61	6 859	4,3589	2,6684	5,26316
20	4 00	8 000	4,4721	2,7144	5,00000
21	4 41	9 261	4,5826	2,7589	4,76190
22	4 84	10 648	4,6904	2,8020	4,54545
23	5 29	12 167	4,7958	2,8439	4,34783
24	5 76	13 824	4,8990	2,8845	4,16667
25	6 25	15 625	5,0000	2,9240	4,00000
26	6 76	17 576	5,0990	2,9625	3,84615
27	7 29	19 683	5,1962	3,0000	3,70370
28	7 84	21 952	5,2915	3,0366	3,57143
29	8 41	24 389	5,3852	3,0723	3,44828
30	9 00	27 000	5,4772	3,1072	3,33333
31	9 61	29 791	5,5678	3,1414	3,22581
32	10 24	32 768	5,6569	3,1748	3,12500
33	10 89	35 937	5,7446	3,2075	3,03030

H.

n	n^2	n^3	$\sqrt{n}$	$\sqrt[3]{n}$	$\frac{100}{n}$
34	11 56	39 304	5,8310	3,2396	2, 94118
35	12 25	42 875	5,9161	3,2711	2, 85714
36	12 96	46 656	6,0000	3,3019	2, 77778
37	13 69	50 653	6,0828	3,3322	2, 70270
38	14 44	54 872	6,1644	3,3620	2, 63158
39	15 21	59 319	6,2450	3,3912	2, 56410
40	16 00	64 000	6,3246	3,4200	2, 50000
41	16 81	68 921	6,4031	3,4482	2, 43902
42	17 64	74 088	6,4807	3,4760	2, 38095
43	18 49	79 507	6,5574	3,5034	2, 32558
44	19 36	85 184	6,6332	3,5303	2, 27273
45	20 25	91 125	6,7082	3,5569	2, 22222
46	21 16	97 336	6,7823	3,5830	2, 17391
47	22 09	103 823	6,8557	3,6088	2, 12766
48	23 04	110 592	6,9282	3,6342	2, 08333
49	24 01	117 649	7,0000	3,6593	2, 04082
50	25 00	125 000	7,0711	3,6840	2, 00000
51	26 01	132 651	7,1414	3,7084	1, 96078
52	27 04	140 608	7,2111	3,7325	1, 92308
53	28 09	148 877	7,2801	3,7563	1, 88679
54	29 16	157 464	7,3485	3,7798	1, 85185
55	30 25	166 375	7,4162	3,8030	1, 81818
56	31 36	175 616	7,4833	3,8259	1, 78571
57	32 49	185 193	7,5498	3,8485	1, 75439
58	33 64	195 112	7,6158	3,8709	1, 72414
59	34 81	205 379	7,6811	3,8930	1, 69492
60	36 00	216 000	7,7460	3,9149	1, 66667
61	37 21	226 981	7,8102	3,9365	1, 63934
62	38 44	238 328	7,8740	3,9579	1, 61290
63	39 69	250 047	7,9373	3,9791	1, 58730
64	40 96	262 144	8,0000	4,0000	1, 56250
65	42 25	274 625	8,0623	4,0207	1, 53846
66	43 56	287 496	8,1240	4,0412	1, 51515

n	n^2	n^3	$\sqrt{n}$	$\sqrt[3]{n}$	$\frac{100}{n}$
67	44 89	300 763	8,1854	4,0615	1, 49254
68	46 24	314 432	8,2462	4,0817	1, 47059
69	47 61	328 509	8,3066	4,1016	1, 44928
70	49 00	343 000	8,3666	4,1213	1, 42857
71	50 41	357 911	8,4261	4,1408	1, 40845
72	51 84	373 248	8,4853	4,1602	1, 38889
73	53 29	389 017	8,5440	4,1793	1, 36986
74	54 76	405 224	8,6023	4,1983	1, 35135
75	56 25	421 875	8,6603	4,2172	1, 33333
76	57 76	438 976	8,7178	4,2358	1, 31579
77	59 29	456 533	8,7750	4,2543	1, 29870
78	60 84	474 552	8,8318	4,2727	1, 28205
79	62 41	493 039	8,8882	4,2908	1, 26582
80	64 00	512 000	8,9443	4,3089	1, 25000
81	65 61	531 441	9,0000	4,3267	1, 23457
82	67 24	551 368	9,0554	4,3445	1, 21951
83	68 89	571 787	9,1104	4,3621	1, 20482
84	70 56	592 704	9,1652	4,3795	1, 19048
85	72 25	614 125	9,2195	4,3968	1, 17647
86	73 96	636 056	9,2736	4,4140	1, 16279
87	75 69	658 503	9,3274	4,4310	1, 14943
88	77 44	681 472	9,3808	4,4480	1, 13636
89	79 21	704 969	9,4340	4,4647	1, 12360
90	81 00	729 000	9,4868	4,4814	1, 11111
91	82 81	753 571	9,5394	4,4979	1, 09890
92	84 64	778 688	9,5917	4,5144	1, 08696
93	86 49	804 357	9,6437	4,5307	1, 07527
94	88 36	830 584	9,6954	4,5468	1, 06383
95	90 25	857 375	9,7468	4,5629	1, 05263
96	92 16	884 736	9,7980	4,5789	1, 04167
97	94 09	912 673	9,8489	4,5947	1, 03093
98	96 04	941 192	9,8995	4,6104	1, 02041
99	98 01	970 299	9,9499	4,6261	1, 01010
100	1 00 00	1 000 000	10,0000	4,6416	1, 00000

I. $\left(1+\frac{p}{100}\right)^n$

n	2%	2½%	3%	4%	4½%	5%
1	1·0200	1·0250	1·0300	1·0400	1·0450	1·0500
2	1·0404	1·0506	1·0609	1·0816	1·0920	1·1025
3	1·0612	1·0769	1·0927	1·1249	1·1412	1·1576
4	1·0824	1·1038	1·1255	1·1699	1·1925	1·2155
5	1·1041	1·1314	1·1593	1·2167	1·2462	1·2763
6	1·1262	1·1597	1·1941	1·2653	1·3023	1·3401
7	1·1487	1·1887	1·2299	1·3159	1·3609	1·4071
8	1·1717	1·2184	1·2668	1·3686	1·4221	1·4775
9	1·1951	1·2489	1·3048	1·4233	1·4861	1·5513
10	1·2190	1·2801	1·3439	1·4802	1·5530	1·6289
11	1·2434	1·3121	1·3842	1·5395	1·6229	1·7103
12	1·2682	1·3449	1·4258	1·6010	1·6959	1·7959
13	1·2936	1·3785	1·4685	1·6651	1·7722	1·8856
14	1·3195	1·4130	1·5126	1·7317	1·8519	1·9799
15	1·3459	1·4483	1·5580	1·8009	1·9353	2·0789
16	1·3728	1·4845	1·6047	1·8730	2·0224	2·1829
17	1·4002	1·5216	1·6528	1·9479	2·1134	2·2920
18	1·4282	1·5597	1·7024	2·0258	2·2085	2·4066
19	1·4568	1·5987	1·7535	2·1068	2·3079	2·5270
20	1·4859	1·6386	1·8061	2·1911	2·4117	2·6533
21	1·5157	1·6796	1·8603	2·2788	2·5202	2·7860
22	1·5460	1·7216	1·9161	2·3699	2·6337	2·9253
23	1·5769	1·7646	1·9736	2·4647	2·7522	3·0715
24	1·6084	1·8087	2·0328	2·5633	2·8760	3·2251
25	1·6406	1·8539	2·0938	2·6658	3·0054	3·3864
30	1·8114	2·0976	2·4273	3·2434	3·7453	4·3219
40	2·2080	2·6851	3·2620	4·8010	5·8164	7·0400
50	2·6916	3·4371	4·3839	7·1067	9·0326	11·4674

Aufzinsungsfaktor $\left(1 + \frac{p}{100}\right)^n$ I.

n	5½%	6%	7%	8%
1	1·0550	1·0600	1·0700	1·0800
2	1·1130	1·1236	1·1449	1·1664
3	1·1742	1·1910	1·2250	1·2597
4	1·2388	1·2625	1·3108	1·3605
5	1·3070	1·3382	1·4026	1·4693
6	1·3788	1·4185	1·5007	1·5869
7	1·4547	1·5036	1·6058	1·7138
8	1·5347	1·5938	1·7182	1·8509
9	1·6191	1·6934	1·8385	1·9990
10	1·7081	1·7908	1·9672	2·1589
11	1·8021	1·8983	2·1049	2·3316
12	1·9012	2·0122	2·2522	2·5182
13	2·0048	2·1329	2·4098	2·7196
14	2·1161	2·2609	2·5785	2·9372
15	2·2325	2·3966	2·7590	3·1722
16	2·3553	2·5404	2·9522	3·4259
17	2·4848	2·6918	3·1588	3·7000
18	2·6215	2·8543	3·3799	3·9960
19	2·7656	3·0256	3·6165	4·3157
20	2·9178	3·2071	3·8697	4·6610
21	3·0782	3·3996	4·1406	5·0338
22	3·2485	3·6035	4·4304	5·4366
23	3·4262	3·8198	4·7405	5·8715
24	3·6146	4·0489	5·0724	6·3412
25	3·8134	4·2919	5·4274	6·8485
30	4·9840	5·7435	7·6123	10·0627
40	8·5133	10·2858	14·9745	21·7246
50	14·5086	18·4202	29·4571	46·9018

K. $\left(1+\frac{p}{100}\right)^{-n}$

n	2 %	2½ %	3 %	4 %	4½ %	5 %
1	0·9804	0·9756	0·9709	0·9615	0·9569	0·9524
2	0·9612	0·9518	0·9426	0·9246	0·9157	0·9070
3	0·9423	0·9286	0·9151	0·8890	0·8763	0·8638
4	0·9238	0·9060	0·8885	0·8548	0·8386	0·8227
5	0·9057	0·8839	0·8626	0·8219	0·8025	0·7835
6	0·8880	0·8623	0·8375	0·7903	0·7679	0·7462
7	0·8706	0·8413	0·8131	0·7599	0·7348	0·7107
8	0·8535	0·8207	0·7894	0·7307	0·7032	0·6768
9	0·8368	0·8007	0·7664	0·7026	0·6729	0·6446
10	0·8203	0·7812	0·7441	0·6756	0·6439	0·6139
11	0·8043	0·7621	0·7224	0·6496	0·6162	0·5847
12	0·7885	0·7436	0·7014	0·6246	0·5897	0·5568
13	0·7730	0·7254	0·6810	0·6006	0·5643	0·5303
14	0·7579	0·7077	0·6611	0·5775	0·5400	0·5051
15	0·7430	0·6905	0·6419	0·5553	0·5167	0·4810
16	0·7284	0·6736	0·6232	0·5339	0·4945	0·4581
17	0·7142	0·6572	0·6050	0·5134	0·4732	0·4363
18	0·7002	0·6412	0·5874	0·4936	0·4528	0·4155
19	0·6864	0·6255	0·5703	0·4746	0·4333	0·3957
20	0·6730	0·6103	0·5537	0·4564	0·4146	0·3769
21	0·6598	0·5954	0·5375	0·4388	0·3968	0·3589
22	0·6468	0·5809	0·5219	0·4220	0·3797	0·3419
23	0·6342	0·5667	0·5067	0·4057	0·3634	0·3256
24	0·6217	0·5529	0·4919	0·3901	0·3477	0·3101
25	0·6095	0·5394	0·4776	0·3751	0·3327	0·2953
30	0·5521	0·4767	0·4120	0.3083	0·2670	0·2314
40	0·4529	0·3724	0·3066	0·2083	0·1719	0·1420
50	0·3715	0·2909	0·2281	0·1407	0·1107	0·0872

Abzinsungsfaktor $\left(1+\frac{p}{100}\right)^{-n}$

n	5½%	6%	7%	8%
1	0·9479	0·9434	0·9346	0·9259
2	0·8985	0·8900	0·8734	0·8573
3	0·8516	0·8396	0·8163	0·7938
4	0·8072	0·7921	0·7629	0·7350
5	0·7651	0·7473	0·7130	0·6806
6	0·7273	0·7050	0·6663	0·6302
7	0·6874	0·6651	0·6228	0·5835
8	0·6516	0·6274	0·5820	0·5403
9	0·6176	0·5919	0·5439	0·5002
10	0·5854	0·5584	0·5084	0·4632
11	0·5549	0·5268	0·4751	0·4289
12	0·5260	0·4970	0·4440	0·3971
13	0·4986	0·4688	0·4150	0·3677
14	0·4726	0·4423	0·3878	0·3405
15	0·4479	0·4173	0·3624	0·3152
16	0·4246	0·3936	0·3383	0·2919
17	0·4024	0·3714	0·3166	0·2703
18	0·3815	0·3503	0·2959	0·2502
19	0·3616	0·3305	0·2765	0·2317
20	0·3427	0·3118	0·2584	0·2145
21	0·3249	0·2942	0·2415	0·1987
22	0·3079	0·2775	0·2277	0·1839
23	0·2919	0·2618	0·2109	0·1703
24	0·2767	0·2481	0·1971	0·1577
25	0·2622	0·2330	0·1843	0·1460
30	0·2006	0·1741	0·1314	0·0994
40	0·1175	0·0972	0·0668	0·0460
50	0·0688	0·0543	0·0339	0·0213

L.

Endbetrag, der sich ansammelt, wenn n Termine hindurch am Anfange eines jeden Termines 1 Werteinheit auf Zinseszinsen angelegt wird. (Endwert regelmäßiger Einzahlungen.)

n	4%	4½%	5%	6%	8%
1	1,04 000	1,04 500	1,05	1,06	1,08
2	2,12 160	2,13 703	2,15	2,18	2,25
3	3,24 646	3,27 819	3,31	3,37	3,51
4	4,41 632	4,47 071	4,53	4,64	4,87
5	5,63 298	5,71 689	5,80	5,98	6,34
6	6,89 829	7,01 915	7,14	7,40	7,92
7	8,21 423	8,38 001	8,55	8,90	9,64
8	9,58 280	9,80 211	10,03	10,49	11,49
9	11,00 611	11,28 821	11,58	12,18	13,49
10	12,48 635	12,84 118	13,21	13,98	15,65
11	14,02 581	14,46 403	14,92	15,87	17,98
12	15,62 684	16,15 991	16,71	17,89	20,50
13	17,29 191	17,93 211	18,60	20,02	23,21
14	19,02 359	19,78 405	20,58	22,28	26,15
15	20,82 453	21,71 934	22,66	24,68	29,32
16	22,69 751	23,74 171	24,84	27,22	32,75
17	24,64 541	25,85 508	27,13	29,91	36,45
18	26,67 123	28,06 356	29,54	32,76	40,45
19	28,77 808	30,37 142	32,07	35,79	44,76
20	30,96 920	32,78 314	34,72	39,00	49,42
25	43,31 175	46,57 065	50,11	58,16	78,95
30	58,32 834	63,75 239	69,76	83,80	122,35
40	98,82 654	111,84 669	128,40	164,05	279,78
50	158,77 377	186,53 567	219,82	307,76	619,67

M.

Gegenwärtiger Wert des Betrages, der sich ansammelt, wenn *n* Termine hindurch am Anfange eines jeden Termines 1 Werteinheit auf Zinseszinsen angelegt wird. (Gegenwärtiger Wert regelmäßiger Einzahlungen.)

n	4%	4½%	5%	6%	8%
1	1,00 000	1,00 000	1,00	1,00	1,00
2	1,96 154	1,95 694	1,95	1,94	1,93
3	2,88 610	2,87 267	2,86	2,83	2,78
4	3,77 509	3,74 896	3,72	3,67	3,58
5	4,62 990	4,58 753	4,54	4,47	4,31
6	5,45 182	5,38 998	5,33	5,21	4,99
7	6,24 214	6,15 787	6,08	5,83	5,62
8	7,00 206	6,89 270	6,77	6,58	6,21
9	7,73 275	7,59 589	7,46	7,21	6,75
10	8,43 533	8,26 879	8,11	7,80	7,25
11	9,11 090	8,91 272	8,72	8,36	7,71
12	9,76 048	9,52 892	9,31	8,89	8,14
13	10,38 507	10,11 858	9,86	9,38	8,54
14	10,98 565	10,68 285	10,39	9,85	8,90
15	11,56 312	11,22 283	10,90	10,30	9,24
16	12,11 839	11,73 955	11,38	10,71	9,56
17	12,65 230	12,23 402	12,27	11,11	9,85
18	13,16 567	12,70 719	12,69	11,48	10,12
19	13,65 930	13,15 999	13,08	11,82	10,37
20	14,13 394	13,59 329	13,46	12,16	10,60
25	16,24 696	15,49 548	14,80	13,55	11,53
30	17,98 372	17,02 189	16,14	14,59	12,16
40	20,58 449	19,22 966	18,23	15,95	12,87
50	22,34 147	20,65 130	19,17	16,71	13,20

N. Sterblichkeitstafel.

1) von Süßmilch-Baumann,
2) der 23 deutschen Gesellschaften.

Alter	1. Zahl der Lebenden	2. Zahl der lebenden Männer	2. Zahl der lebenden Frauen	Alter	1. Zahl der Lebenden	2. Männer	2. Frauen
0							
1	750			**26**	461	96 285	93 237
2	661			**27**	456	95 642	92 181
3	618			**28**	451	94 982	91 140
4	593			**29**	445	94 306	90 105
5	579			**30**	439	93 607	89 080
6	567			**31**	433	92 886	88 054
7	556			**32**	427	92 142	87 038
8	547			**33**	421	91 378	86 020
9	539			**34**	415	90 590	85 006
10	532			**35**	409	89 778	83 992
11	527			**36**	402	88 941	82 979
12	523			**37**	395	88 081	81 967
13	519			**38**	388	87 191	80 964
14	515			**39**	381	86 270	79 965
15	511			**40**	374	85 318	78 970
16	507			**41**	367	84 330	77 985
17	503			**42**	360	83 301	77 003
18	499			**43**	353	82 232	76 034
19	495			**44**	346	81 122	75 078
20	491	100 000	100 000	**45**	339	79 976	74 128
21	486	99 376	98 853	**46**	332	78 797	73 176
22	481	98 760	97 695	**47**	324	77 591	72 219
23	476	98 154	96 538	**48**	316	76 352	71 239
24	471	97 539	95 411	**49**	308	75 077	70 230
25	466	96 919	94 311	**50**	300	73 755	69 194

N.

Alter	1. Zahl der Lebenden	2. Männer	2. Frauen	Alter	1. Zahl der Lebenden	2. Männer	2. Frauen
51	291	72 365	68 130	**76**	62	19 288	20 549
52	282	70 907	67 036	**77**	55	17 088	18 169
53	273	69 378	65 910	**78**	49	14 997	15 877
54	264	67 777	64 746	**79**	43	13 019	13 748
55	255	66 103	63 533	**80**	37	11 167	11 800
56	246	64 362	62 254	**81**	32	9 425	10 010
57	237	62 550	60 898	**82**	28	7 809	8 375
58	228	60 667	59 463	**83**	24	6 348	6 913
59	219	58 711	57 947	**84**	20	5 075	5 598
60	210	56 692	56 338	**85**	17	3 998	4 429
61	201	54 601	54 640	**86**	14	3 106	3 448
62	192	52 453	52 863	**87**	12	2 394	2 652
63	182	50 256	50 998	**88**	10	1 829	2 023
64	172	48 016	49 056	**89**	8	1 382	—
65	162	45 733	47 055	**90**	6	—	—
66	152	43 408	44 973	**91**	5	—	—
67	142	41 036	42 798	**92**	4	—	—
68	132	38 615	40 549	**93**	3	—	—
69	122	36 163	38 206	**94**	2	—	—
70	112	33 695	35 763	**95**	1	—	—
71	103	31 221	33 248				
72	94	28 757	30 692				
73	85	26 324	28 114				
74	77	23 925	25 545				
75	69	21 576	23 020				

O. Zehnstellige Logarithmen

der Aufzinsungsfaktoren $q = 1 + \frac{p}{100}$.

q	log q	q	log q
1·005	0,0021 660 618	1·065	0,0273 496 078
1·01	0,0043 213 738	1·0675	0,0283 678 837
1·0125	0,0053 950 319	1·07	0,0293 837 777
1·015	0,0064 660 422	1·0725	0,0303 973 009
1·0175	0,0075 344 179	1·075	0,0314 084 643
1·02	0,0086 001 718	1·0775	0,0324 172 788
1·0225	0,0096 633 167	1·08	0,0334 237 555
1·025	0,0107 238 654	1·0825	0,0344 279 050
1·0275	0,0117 818 305	1·085	0,0354 297 382
1·03	0,0128 372 247	1·0875	0,0364 292 656
1·0325	0,0138 900 603	1·09	0,0374 264 979
1·035	0,0149 403 498	1·0925	0,0384 214 456
1·0375	0,0159 881 054	1·095	0,0394 141 192
1·04	0,0170 333 393	1·0975	0,0404 045 289
1·0425	0,0180 760 636	1·10	0,0413 926 852
1·045	0,0191 162 904	1·1025	0,0423 785 981
1·0475	0,0201 540 316	1·105	0,0433 622 780
1·05	0,0211 892 991	1·1075	0,0443 437 349
1·0525	0,0222 221 045	1·11	0,0453 229 788
1·055	0,0232 524 596	1·1125	0,0463 000 197
1·0575	0,0242 803 760	1·115	0,0472 748 674
1·06	0,0253 058 653	1·1175	0,0482 475 318
1·0625	0,0263 289 387	1·12	0,0492 180 227

Länge der Kreisbogen für den Halbmesser 1. P.

Grade				Minuten		Sekunden	
1	0·017453	**60**	1·047198	**1**	0·000291	**1**	0·000005
2	0·034907	**70**	1·221730	**2**	0·000582	**2**	0·000010
3	0·052360	**80**	1·396263	**3**	0·000873	**3**	0·000015
4	0·069813	**90**	1·570796	**4**	0·001164	**4**	0·000019
5	0·087266	**100**	1·745329	**5**	0·001454	**5**	0·000024
6	0·104720	**110**	1·919862	**6**	0·001745	**6**	0·000029
7	0·122173	**120**	2·094395	**7**	0·002036	**7**	0·000034
8	0·139626	**130**	2·268928	**8**	0·002327	**8**	0·000039
9	0·157080	**140**	2·443461	**9**	0·002618	**9**	0·000044
10	0·174533	**150**	2·617994	**10**	0·002909	**10**	0·000048
20	0·349066	**160**	2·792527	**20**	0·005818	**20**	0·000097
30	0·523599	**170**	2·967060	**30**	0·008727	**30**	0·000145
40	0·698132	**180**	3·141593	**40**	0·011636	**40**	0·000194
50	0·872665	**190**	3·316125	**50**	0·014544	**50**	0·000242

Q. Verwandlung von Minuten und Sekunden in Dezimalstellen eines Grades.

Min.	Grade	Min.	Grade	Sek.	Grade	Sek.	Grade
		30	0·500 000			**30**	0·008 333
1	0·016 666	**31**	516 666	**1**	0·000 277	**31**	008 611
2	033 333	**32**	533 333	**2**	000 555	**32**	008 888
3	050 000	**33**	550 000	**3**	000 833	**33**	009 166
4	066 666	**34**	566 666	**4**	001 111	**34**	009 444
5	083 333	**35**	583 333	**5**	001 388	**35**	009 722
6	100 000	**36**	600 000	**6**	001 666	**36**	010 000
7	116 666	**37**	616 666	**7**	001 944	**37**	010 277
8	133 333	**38**	633 333	**8**	002 222	**38**	010 555
9	150 000	**39**	650 000	**9**	002 500	**39**	010 833
10	0·166 666	**40**	0·666 666	**10**	0·002 777	**40**	0·011 111
11	183 333	**41**	683 333	**11**	003 055	**41**	011 388
12	200 000	**42**	700 000	**12**	003 333	**42**	011 666
13	216 666	**43**	716 666	**13**	003 611	**43**	011 944
14	233 333	**44**	733 333	**14**	003 888	**44**	012 222
15	250 000	**45**	750 000	**15**	004 166	**45**	012 500
16	266 666	**46**	766 666	**16**	004 444	**46**	012 777
17	283 333	**47**	783 333	**17**	004 722	**47**	013 055
18	300 000	**48**	800 000	**18**	005 000	**48**	013 333
19	316 666	**49**	816 666	**19**	005 277	**49**	013 611
20	0·333 333	**50**	0·833 333	**20**	0·005 555	**50**	0·013 888
21	350 000	**51**	850 000	**21**	005 833	**51**	014 166
22	366 666	**52**	866 666	**22**	006 111	**52**	014 444
23	383 333	**53**	883 333	**23**	006 388	**53**	014 722
24	400 000	**54**	900 000	**24**	006 666	**54**	015 000
25	416 666	**55**	916 666	**25**	006 944	**55**	015 277
26	433 333	**56**	933 333	**26**	007 222	**56**	015 555
27	450 000	**57**	950 000	**27**	007 500	**57**	015 833
28	466 666	**58**	966 666	**28**	007 777	**58**	016 111
29	483 333	**59**	983 333	**29**	008 055	**59**	016 388

Verwandlung der Grade in Hunderte von Sekunden. R.

Grade	0°	1°	2°	3°	4°	5°	6°	7°	8°	9°
0	0	36	72	108	144	180	216	252	288	324
1	360	396	432	468	504	540	576	612	648	684
2	720	756	792	828	864	900	936	972	1008	1044
3	1080	1116	1152	1188	1224	1260	1296	1332	1368	1404
4	1440	1476	1512	1548	1584	1620	1656	1692	1728	1764
5	1800	1836	1872	1908	1944	1980	2016	2052	2088	2124
6	2160	2196	2232	2268	2304	2340	2376	2412	2448	2484
7	2520	2556	2592	2628	2664	2700	2736	2772	2808	2844
8	2880	2916	2952	2988	3024	3060	3096	3132	3168	3204
9	3240	3276	3312	3348	3384	3420	3456	3492	3528	3564
10	3600	3636	3672	3708	3744	3780	3816	3852	3888	3924
11	3960	3996	4032	4068	4104	4140	4176	4212	4248	4284
12	4320	4356	4392	4428	4464	4500	4536	4572	4608	4644
13	4680	4716	4752	4788	4824	4860	4896	4932	4968	5004
14	5040	5076	5112	5148	5184	5220	5256	5292	5328	5364
15	5400	5436	5472	5508	5544	5580	5616	5652	5688	5724
16	5760	5796	5832	5868	5904	5940	5976	6012	6048	6084
17	6120	6156	6192	6228	6264	6300	6336	6372	6408	6444
18	6480	6516	6552	6588	6624	6660	6696	6732	6768	6804
19	6840	6876	6912	6948	6984	7020	7056	7092	7128	7164
20	7200	7236	7272	7308	7344	7380	7416	7452	7488	7524
21	7560	7596	7632	7668	7704	7740	7776	7812	7848	7884
22	7920	7956	7992	8028	8064	8100	8136	8172	8208	8244
23	8280	8316	8352	8388	8424	8460	8496	8532	8568	8604
24	8640	8676	8712	8748	8784	8820	8856	8892	8928	8964
25	9000	9036	9072	9108	9144	9180	9216	9252	9288	9324
26	9360	9396	9432	9468	9504	9540	9576	9612	9648	9684
27	9720	9756	9792	9828	9864	9900	9936	9972	10008	10044
28	10080	10116	10152	10188	10224	10260	10296	10332	10368	10404
29	10440	10476	10512	10548	10584	10620	10656	10692	10728	10764
30	10800	10836	10872	10908	10944	10980	11016	11052	11088	11124
31	11160	11196	11232	11268	11304	11340	11376	11412	11448	11484
32	11520	11556	11592	11628	11664	11700	11736	11772	11808	11844
33	11880	11916	11952	11988	12024	12060	12096	12132	12168	12204
34	12240	12276	12312	12348	12384	12420	12456	12492	12528	12564
35	12600	12636	12672	12708	12744	12780	12816	12852	12888	12924

S. Astronomische Zahlwerte.

Name	Mittlerer Abstand v. d. Sonne	Durchmesser (mittlerer)	Maße	Umlaufszeit (siderische Jahre)	Rotationsdauer (mittlere Zeit)
	(der Wert für die Erde = 1 gesetzt)				
Merkur	0·387	0·39	0·04	0·2408	88^d 0
Venus	0·723	0·973	0·81	0·6152	1^d?
Erde	1	1	1	1	23^h 56^m
Mars	1·524	0·531	0·11	1·8808	24^h 37^m
Jupiter	5·203	10·95	316	11·862	max. 9^h 55^m
Saturn	9·539	9·02	95	29·457	max. 10^h 39^m
Uranus	19·191	4·00	15	84·013	10^h. 7
Neptun	30·071	3·92	17	164·783	15^h?
Sonne	—	109·1	331950	—	24^d. 65
Mond der Erde	mittlerer Abstand von der Erde 384403 *km*	0·273	0·012	um d. Erde 27^d 322	—

			log
Halbmesser des Äquators	6378·388	*km*	3·80471
Halbe Achse (Polarhalbmesser)..	6356·909	,,	3·80325
Äquatorgrad....................	111·3	,,	2·04650
Mittlerer Meridiangrad	111·1	,,	2·04571
Mittlere Entfernung von der Sonne	149450000	,,	8·17450
Mittlere Entfernung des Mondes von der Erde..............	384403	,,	5·58478
Umdrehungsgeschwindigkeit am Äquator	465	,,	2·66745
Mittlere Bahngeschwindigkeit ...	29767	,,	4·47373
Bahngeschwindigkeit im Aphel ..	29262	,,	4·46630
Bahngeschwindigkeit im Perihel .	30269	,,	4·48100

Sterntag $23^h\ 56^m\ 4{\cdot}09^s$

Tropisches (Erd-)Jahr $365^d\ 5^h\ 48^m\ 45{\cdot}97^s = 365^d, 24217$

Siderisches Jahr $365^d\ 6^h\ 9^m\ 9{\cdot}54^s = 365^d, 25635$

Mittlere Dichte (Wasser = 1) 5, 52

Schiefe der Ekliptik für 1. Januar 1930: $23^\circ 26' 54'', 21$ (nach Newcomb)

Schwerkraft g im Niveau des Meeres für die geographische Breite φ: $g = (9{\cdot}7810 + 0{\cdot}0503 \sin^2 \varphi) m$

U. Verzeichnis geographischer Örter.

Ort	Breite			Östl. Länge v. Greenwich		
Athen (Sternwarte)	+37°	58′	16″	23°	43′	3″
Berlin-Babelsberg	+52	24	24	13	6	22
Bern (Sternwarte)	+46	57	9	7	26	23
Bombay „	+18	53	36	72	48	54
Bonn „	+50	43	45	7	5	48
Breslau (Neue Sternwarte)	+51	6	41	17	5	18
Brüssel (Alte „	+50	47	55	4	21	31
Budapest (Sternwarte)	+47	29	35	19	3	51
Cordoba (Argent. Sternwarte) .	—31	25	16	295	47	57
Danzig (Sternwarte)	+54	21	18	18	39	54
Dresden (Math. Salon)	+51	3	15	13	43	47
Florenz (Alte Sternwarte)	+43	46	4	11	14	54
Frankfurt a. M. (Sternwarte) ...	+50	7	0	8	39	5
Göttingen (Sternwarte)	+51	37	48	9	56	33
Gotha (Neue Sternwarte)	+50	56	38	10	42	38
Graz (Univ.-Sternwarte).......	+47	4	37	15	26	56
Greenwich (Transit Circle)	+51	28	38	0	0	0
Hamburg (D. Seewarte).......	+53	32	52	9	58	21
Heidelberg (Sternwarte) ...... auf dem Königstuhl)......	+49	23	55	8	43	16
Innsbruck (Sternwarte)	+47	16	8	11	22	51
Jena (Sternwarte)	+50	55	35	11	35	3
Kap der guten Honnung (Sternwarte)	—33	56	7	18	28	41
Königsberg i. Pr. (Sternwarte) .	+54	42	51	20	29	45
Kopenhagen (Neue Sternwarte)	+55	41	13	12	34	40
Leipzig (Neue Sternwarte)	+51	20	6	12	23	29
Lissabon (Sternwarte).........	+38	42	31	350	48	50
Lund (Sternwarte)............	+55	41	52	13	11	15
Madrid (Sternwarte)..........	+40	24	30	356	18	44
Melbourne (Sternwarte)	+37	49	53	144	58	33
Mount Hamilton (Lick-Sternw.)	+37	20	26	238	21	9
München (Sternwarte)	+48	8	46	11	36	30
New York (Columbia College) .	+40	45	23	286	1	34

U.

Ort	Breite			Östl. Länge v. Greenwich		
Paris (Observatoire national) ..	+48	50	11	2	20	14
St. Petersburg (Univ.-Sternw.) .	+59	56	32	30	17	50
Philadelphia (Flower Observ.) .	+39	58	2	284	43	17
Prag (Univ.-Sternwarte).......	+50	5	16	14	25	4
Pulkowa (Sternwarte).........	+59	46	19	30	19	39
Rom (Collegio Romano).......	+41	53	54	12	28	49
Stockholm (Sternwarte)	+59	20	33	18	3	30
Straßburg (Sternwarte)	+48	35	0	7	46	8
Tokio (Sternwarte)	+35	40	21	139	32	31
Triest (Sternwarte)	+45	38	45	13	45	44
Washington (Neue Sternwarte)	+38	55	14	282	56	3
Wien (Neue Sternwarte)	+48	13	55	16	20	20
Zürich (Sternwarte)...........	+47	22	38	8	33	5

V. Physikalische Werte.

1. Dichte in g/cm³ bei 18° C.

Aluminium	2,7	Äther (Äthyläther)	0,72
Blei	11,3	Alkohol (wasserfrei)	0,79
Eis	0,9	Glyzerin (wasserfrei)	1,26
Eisen, Stahl	7,8	Kupfervitriol 0°	1,12
Glas: Kronglas	2,6	Olivenöl	0,92
Glas: Flintglas	3·1-3,9	Petroleum	0,8
Gold	19,3	Quecksilber	13,6
Gips	2,0	Schwefelsäure (konzentr.)	1,84
Kalkstein	2,5	Meerwasser 15° C	1,02
Kupfer	8,9		
Platin	21,4		
Sandstein	1,9-2,7		
Silber	10,5		

2. Dichte

(bezogen auf trockene atmosph. Luft bei 0° C und 760 *mm* Q.-S.)

Trockene atmosphär. Luft	1,000
Grubengas	0,559
Kohlensäure	1,529
Leuchtgas	0,34—0,45
Sauerstoff	1,106
Stickstoff	0,971
Wasserstoff	0,069

1 *l* atm. Luft wiegt b. 0° C u. 760 *mm* Q.-S. 1·2928 *g*.

3. Geschwindigkeit *m/s* (Meter in Sek.)

Fußgänger	1,3
Radfahrer	4—12
Pferd im Galopp	6
Brieftaube	40
Schnellzug	22—28
Orkan	25—50
Schall in Luft	333
Mond um d. Erde	1000
Erde um Sonne	$30 \cdot 10^3$
Licht, Elektr.	$3 \cdot 10^8$
Geschoß	600

4. Schmelzpunkt in Celsius bei 760 *mm* Q.-S.

Wolfram	3350
Platin	1773
Eisen	1530
Gold	1064
Silber	961
Blei	327
Schwefel	113
Wachs	~ 64
Phosphor	~ 44
Meerwasser	—2,5
Glyzerin	—20
Quecksilber	—39

5. Siedepunkt bei 760 *mm* Q.-S.

Quecksilber	357
Leinöl	316
Phosphor	290
Kochsalzlösung	108
Petroleum	~85
Alkohol, absol.	78,5
Äther	35
Schwefl. Säure	—10
Ammoniak	—33
Kohlensäure	—78
Sauerstoff	—183

6. Spez. Leitungswiderstand in Ohm bei 18° C.	
Eisen	0,10
Kupfer	0,017
Messing	0,08
Platin	0,105
Quecksilber	0,96
Silber	0,016

7. Spez. Wärme zwischen 0° und 100° C.			
Aluminium	0,21	Silber	0,06
Blei	0,03	Platin	0,03
Eisen u. Stahl	0,11	Quecksilber	0,03
Guß- u. Roheisen	0,13	Eis	0,50
Gold	0,03	Glas	~ 0,20
Kupfer	0,09	Sandstein	0,17

8. Dielektrizitätskonstante bei 18° C.	
Asphalt	2,7
Bernstein	2,8
Gewöhnl. Glas	5—7
Optische Gläser	bis 16
Glimmer	4—8
Papier	2—2,5
Paraffin	~ 2
Petroleum	2,1
Porzellan	6
Schellack	2,7—3,7
Steinsalz	5,6
Wasser	81

9. Brechungsverhältnis für Na-Licht bei 18° C. bezogen auf Luft.	
Alkohol	1,36
Kronglas, leicht	1,51
Kronglas, schwer	1,61
Flintglas, leicht	1,61
Flintglas, schwer	1,75
Glimmer	1,56—1,60
Eis	1,31
Turmalin	1,64
Zucker	1,56

10. Allgemeine Konstanten:

Mechanisches Wärmeäquivalent	1 cal = $4{,}187 \cdot 10^{7}$ erg
Elektrisches ,,	1 cal = 4,186 Joule
Loschmidtsche Zahl (Anzahl der Moleküle im Mol)	$L = 6{,}02 \cdot 10^{23}$
Absolute Gaskonstante pro Mol	$R = 8{,}315 \cdot 10^{7} \frac{\text{erg}}{\text{grad}}$
Elektrische Elementarladung	$e = 4{,}80 \cdot 10^{-10}$ elektrostat. Einh.
Elementares Wirkungsquantum	$h = 6{,}62 \cdot 10^{-27}$ erg. sec.

W.

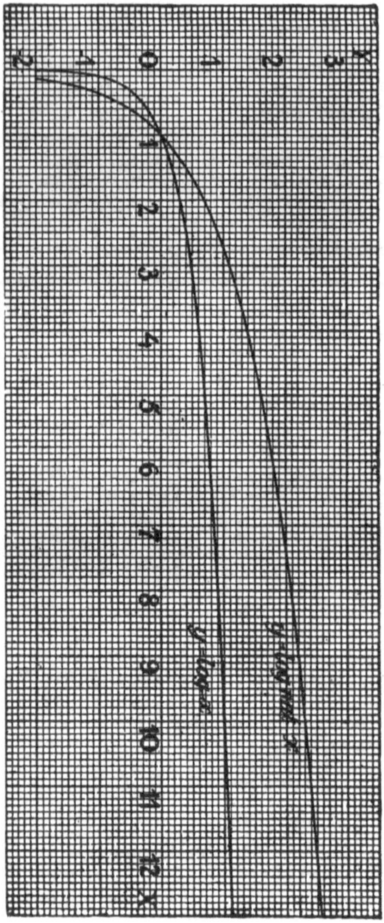

Fig. 1. Logarithmische Kurve.
(Erläuterung hierzu auf Seite 118 u. 119.)

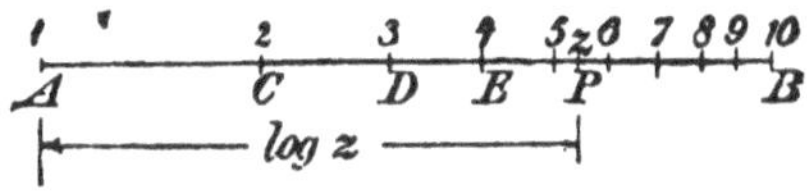

Fig. 2.

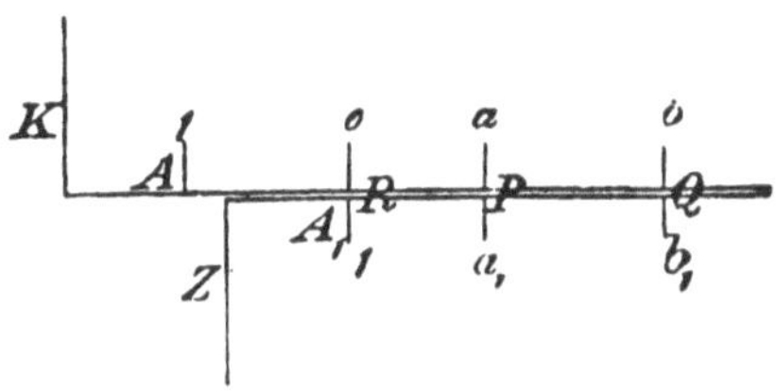

Fig. 3.

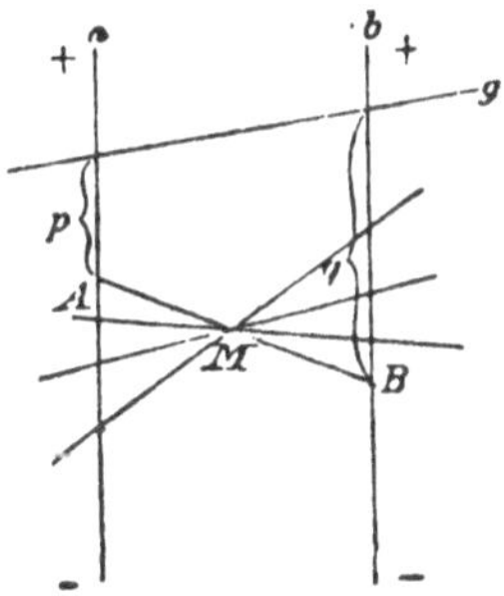

Fig. 4.

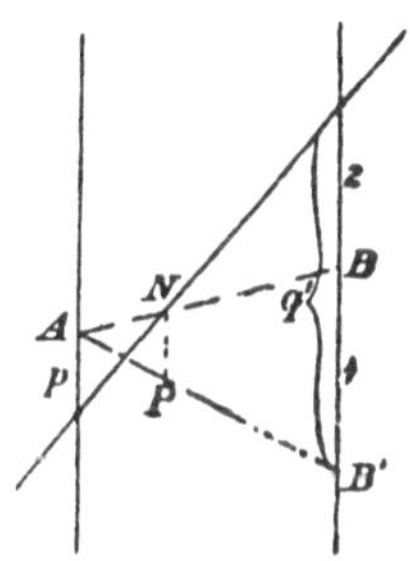

Fig. 5.

Fig. 6. Logarithmische Skala.

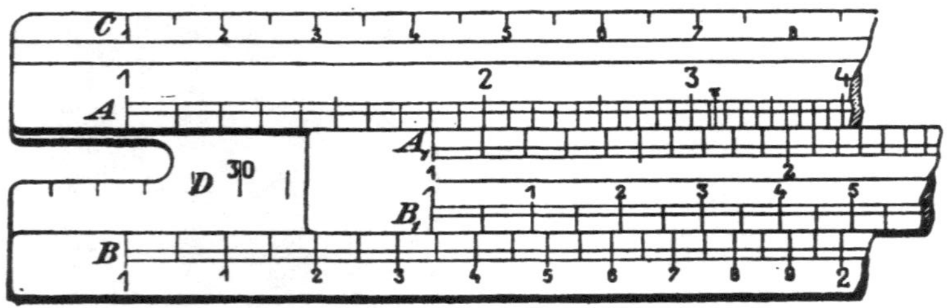

Querschnitt des Schiebers

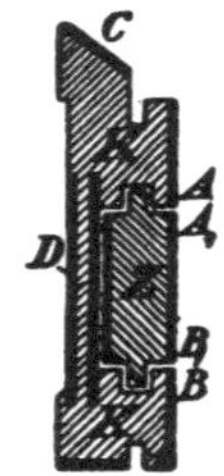

Fig. 7. Logarithmischer Rechenschieber.
(Erläuterungen zu Fig. 6 und 7 auf Seite 119—123.)

X.

Y.

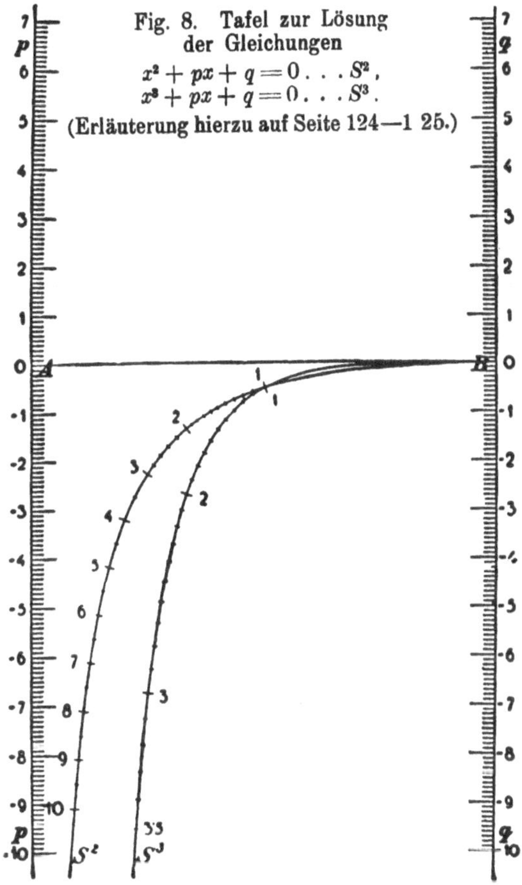

Fig. 8. Tafel zur Lösung der Gleichungen
$x^2 + px + q = 0 \ldots S^2$,
$x^3 + px + q = 0 \ldots S^3$.
(Erläuterung hierzu auf Seite 124—1 25.)

Z. Anleitung zum Gebrauche dieses Taschenbuches.

Die Verwendung der Tafeln A, B, C ist wohl ohne weiteres klar; erwähnt sei nur, daß die Zahlen unterhalb D die Differenzen von aufeinanderfolgenden Mantissen bedeuten.

Die Gebrauchsanweisung der kleinen Tabellen D und E (Seite 90), die beim genauen logarithmischen Rechnen mit Winkeln von 0° bis 2° (beziehungsweise 90° bis 88°) verwendet werden müssen, ist auf Seite 90 enthalten.

Die Benutzung der Tabelle F (Seite 91) ergibt sich aus dem auf dieser Seite enthaltenen Beispiele; der Gebrauch der Tabellen G, H, I, K, L, M, N, O, P, Q, R, S ist wohl ohne nähere Erläuterungen klar.

Es erübrigt daher nur, einige Bemerkungen über die graphischen Tafeln auf den Seiten 114—117 anzufügen.

I. Logarithmische Kurven.

1. Auf Seite 114 (Fig. 1) sind die beiden Kurven $y = \log x$ und $y = \log \operatorname{nat} x$ in rechtwinkligen Koordinaten dargestellt; der Anfangspunkt des Koordinatensystems fällt mit dem Punkte 0 zusammen.

Mit Hilfe dieser Tafel kann man nicht nur die gemeinen und die natürlichen Logarithmen aller dreiziffrigen Zahlen angeben, sondern auch umgekehrt zu jedem gemeinen und natürlicheu Logarithmus die zugehörige Zahl ablesen, beides innerhalb der bei graphischen Darstellungen gewöhnlichen Grenzen.

Man findet z. B. $\log 8{,}23 = 0{,}92$, $\log \operatorname{nat} 8{,}23 = 2{,}12$, $\log \operatorname{nat} 10 = 2{,}30$; bestimme mit dieser Tafel e (aus $\log \operatorname{nat} e = 1$), $\log 7{,}24$, $\frac{1}{3} \log 7{,}24$, $\sqrt[3]{7{,}24}$, $1{,}35 \cdot 4{,}08$, $\frac{11{,}73}{3{,}05}$, $1{,}64^3$. Man bemerkt, daß diese graphische Tafel eine kleine Logarithmentafel ersetzt.

2. Stellt man die Gleichung $y = b \log x$ in demselben Koordinatensystem dar, wobei b eine von 10 u. e verschiedene positive Zahl ist, so erhält man eine Kurve, welche die X-Achse auch in dem Punkte 1 schneidet, aber unter einem anderen Winkel als die beiden schon gezeichneten Linien. Für die Kurve der natürlichen Logarithmen beträgt dieser Winkel 45^0; man kann diese Eigenschaft zur Definition der natürlichen Logarithmen

Z.

benützen und sagen: „Jenes Logarithmensystem soll das natürliche heißen (und seine Basis e), für welches die in rechtwinkligen Koordinaten dargestellte Kurve die Abszissenachse unter dem Winkel von 45° schneidet." Aus dieser Definition ergibt sich die Bestimmung von e und die des Differentialquotienten der logarithmischen Funktion unmittelbar:

Man ersieht aus der Figur, daß

$$\lim_{w=0} \frac{\log \operatorname{nat}(1+w)}{w} = 1 \text{ ist,}$$

daß also für kleine w nahezu

$$\log \operatorname{nat}(1+w) \doteq w \text{ wird.}$$

Daraus folgt: $$e^w \doteq (1+w),$$

also $$e \doteq (1+w)^{\frac{1}{w}},$$

genauer $$e = \lim_{w=0}(1+w)^{\frac{1}{w}}$$

Den Differentialquotienten der logarithmischen Funktion findet man mit Hilfe dieser Formel:

$$y = \log \operatorname{nat} x$$
$$y + \Delta y = \log \operatorname{nat}(x + \Delta x),$$

daraus

$$\Delta y = \log \operatorname{nat}(x+\Delta x) - \log \operatorname{nat} x = \log \operatorname{nat}\left(1 + \frac{\Delta x}{x}\right)$$

oder $$\Delta y \doteq \frac{\Delta x}{x}$$

und $$\frac{dy}{dx} = \frac{1}{x}.$$

II. Logarithmische Skala, logarithmischer Rechenschieber.

1. Die beliebige Strecke AB (Fig. 2) sei als Einheit angenommen; mit dieser Einheit werde $\log 2$, $\log 3$, $\log 4$ usw. auf AB aufgetragen; man erhält so $\overline{AC} = \log 2 = 0{,}301$, $\overline{AD} = \log 3 = 0{,}477$, $\overline{AE} = \log 4 = 0{,}602 \ldots$

Zu den Punkten C, D, $E \ldots$ schreibe man aber nicht die Maßzahlen der Strecken $AC \ldots$, sondern die zugehörigen

Z.

Zahlen 2, 3, 4 ...; zu dem Punkte B gehört dann die Zahl 10 (weil $\log 10 = 1$), zu A die Zahl 1 (weil $\log 1 = 0$).

Man trage noch Unterabteilungen, z. B. die Zahlen 2,1, 2,2 ... in derselben Weise auf, bis die Strecke AB in gewünschter Dichte mit Zahlen bedeckt ist. Das Gesetz, nach dem die Verteilung der Zahlen längs der Strecke AB geschieht, ist das folgende: „Bei dem beliebigen Punkte P (Fig. 2) steht jene Zahl z, die aus der Gleichung $\log z = \overline{AP}$ folgt, $\overline{AB}$ als Einheit angenommen (also auch $\log z = \frac{\overline{AP}}{\overline{AB}}$)."

2. Eine (gerade oder krumme) Linie, die nach irgend einem Gesetze mit Zahlen belegt ist, heißt Skala; sie hat für das graphische Rechnen eine hervorragende Bedeutung. Die einfachste Skala findet sich auf jedem gewöhnlichen Maßstabe; sie heißt gewöhnliche (gemeine) Skala; die Skala, deren Konstruktion in Fig. 2 erläutert wurde, heißt logarithmische Skala.

3. Auf Seite 116 (Fig. 6) befindet sich eine sorgfältig gezeichnete logarithmische Skala; mit ihrer Hilfe kann man Produkte, Quotienten, Potenzen und Wurzeln dreiziffriger Zahlen bestimmen:

Soll z. B. das Produkt $2{,}45 \cdot 3{,}75$ gefunden werden, so nehme man mit dem Zirkel die Strecke s von 1 bis 2,45 der Skala ab und trage diese Strecke s vom Skalenpunkte 3,75 nach rechts auf und lese das Produkt ab (denn $s = \log 2{,}45$ und $\log 2{,}45 + \log 3{,}75 = \log(2{,}45 \cdot 3{,}75)$).

Um z. B. $1{,}53^3$ zu finden, hat man die Strecke vom Punkte 1 bis Punkt 1,53 der Skala noch zweimal auf der Skala nach rechts hin aufzutragen, denn $3 \cdot \log 1{,}53 = \log 1{,}53^3$; um $\sqrt[5]{9{,}46}$ zu erhalten, hat man die Strecke von Skalenpunkt 1 bis Punkt 9,46 in fünf gleiche Teile zu zerlegen; man erhält dadurch nicht nur $\sqrt[5]{9{,}46}$, sondern auch $\sqrt[5]{9{,}46^2}$, $\sqrt[5]{9{,}46^3}$, $\sqrt[5]{9{,}46^4}$

Man bemerkt, daß eine logarithmische Skala eine kleine Logarithmentafel zu ersetzen imstande ist, und daß ihre Anwendung wie die einer Logarithmentafel auf den Sätzen beruht:

Z.

$$\log a \cdot b = \log a + \log b \,,$$

$$\log \frac{a}{b} = \log a - \log b \,,$$

$$\log a^n = n \log a \,,$$

$$\log \sqrt[n]{a} = \frac{1}{n} \log a \,.$$

4. Die logarithmische Skala könnte nach beiden Seiten verlängert werden und dann Zahlen tragen, welche größer als 10, beziehungsweise kleiner als 1 sind. Diese Verlängerung der Skala ist aber nicht notwendig: soll man z. B. das Produkt 15,9 · 7,63 bestimmen, so suche man zunächst 1,59 · 7,63 und setze im Resultate den Dezimalpunkt an die richtige Stelle.

Berechne zur Übung mit der logarithmischen Skala (Fig. 6) folgende Ausdrücke:

$$\sqrt{7{,}64}\,,\ \sqrt{764}\,,\ \sqrt{0{,}0764}\,,\ \frac{8{,}45}{2{,}03}\,,\ \frac{84{,}5}{0{,}203}\,,\ 2{,}05^3\,,\ 20{,}5^3\,,\ 0{,}205^3\,.$$

5. Die logarithmische Skala wurde gleich nach der Erfindung der Logarithmen konstruiert und ihr eben gezeigter Gebrauch beim Rechnen gelehrt. Man bemerkte aber bald, daß man die Verwendung von derlei Skalen zur Berechnung von Produkten und Quotienten weit bequemer gestalten kann, wenn man zwei kongruente, aneinander verschiebbare Skalen verwendet. Man fand auf diese Weise den logarithmischen Rechenschieber (Rechenstab), welcher auf Seite 116 (Fig. 7) abgebildet ist; die Zeichnung rechts stellt dabei den Querschnitt des Schiebers dar.

Der gewöhnlich aus Holz hergestellte Rechenschieber besteht aus dem Körper K und der in ihm verschiebbaren Zunge Z (siehe Querschnitt).

Der Körper K trägt außer der gemeinen Skala C noch zwei logarithmische Skalen A und B (siehe Fig. 7), deren Anfangspunkte 1 genau übereinanderstehen; die Einheit, welche der Skala B zugrunde liegt, ist aber doppelt so groß, wie die, mit welcher die Skala A hergestellt wurde; die Skalen A und B sind also nicht kongruent.

Auch die Zunge Z trägt zwei logarithmische Skalen A_1 und B_1 (siehe Fig. 7); die Skala A_1 wurde mit derselben Einheit (gewöhnlich 125 mm) konstruiert, wie die Skala A, sie ist also kongruent der Skala A, ebenso ist $B_1 \cong B$.

6. Fig. 3 (Seite 115) stellt einen Teil des logarithmischen Rechenschiebers dar; A und A_1 sollen in dieser Figur nicht nur die Skalen auf dem Körper K, beziehungsweise der Zunge Z bedeuten, sondern gleichzeitig auch die Anfangspunkte 1 dieser beiden Skalen.

Jedem Punkte P in Fig. 3 entsprechen zwei Zahlen, eine auf der Skala A, die andere auf der Skala A_1; a und a_1, b und b_1, c und 1 seien gegenüberstehende Zahlen von A und A_1.

Es ist dann nach Seite 120, Zeile 7 f.:

$AR = \log c$, $AP = \log a$, $A_1P = \log a_1$, $AQ = \log b$, $A_1Q = \log b_1$.

Da nach Fig. 3

$$\overline{AP} - \overline{A_1P} = \overline{AQ} - \overline{A_1Q} = AR \text{ ist, so ist}$$

$$\log a - \log a_1 = \log b - \log b_1 = \log c, \text{ also}$$

$$\log \frac{a}{a_1} = \log \frac{b}{b_1} = \log c \quad \text{oder}$$

$$\frac{a}{a_1} = \frac{b}{b_1} = c, \quad \text{d. h:}$$

Das Verhältnis je zweier übereinanderstehender Zahlen der beiden Skalen A und A_1 ist bei jeder einzelnen Stellung von Zunge zu Körper konstant.

7. Auf diesem Satze beruht die bequeme Verwendung des Rechenschiebers zur Berechnung von Produkten, Quotienten und zur Auflösung von Proportionen:

Ist z. B. das Produkt $m \cdot n$ zu bestimmen, so verschiebe man die Zunge so lange, bis c (Fig. 3) gleich m wird, suche dann auf der Skala A_1 die Zahl n auf; die gegenüberstehende Zahl ist schon das gesuchte Produkt.

Ist der Quotient $\frac{r}{s}$ zu finden, so stelle man die Zahl r von A genau über die Zahl s von A_1; die Zahl c von A, welche der Zahl 1 von A_1 gegenübersteht, ist schon der gesuchte Quotient, denn nach obigem Satze ist $\frac{r}{s} = \frac{c}{1}$.

Z.

Besonders einfach gestaltet sich die Auflösung von Proportionen:

Ist z. B. x aus $a : a_1 = b : x$ zu berechnen, so bringe man die Zahlen a und a_1 von A resp. A_1 genau zum Übereinanderliegen; der Zahl b von A steht dann in A_1 schon die gesuchte Zahl x gegenüber. Ebenso einfach geschieht die Lösung der Proportionen $a : a_1 = x : b_1$, $a : x = b : b_1$, $x : a_1 = b : b_1$.

Man bemerkt, daß die Auflösung von Proportionen mit dem logarithmischen Rechenschieber schneller gelingt, als mit einer Logarithmentafel.

Der Schieber gestattet, noch eine ganze Reihe häufig vorkommender Rechnungen rasch durchzuführen, so daß er ein unentbehrliches Rechenhilfsmittel geworden ist.

III. Tafel zur graphischen Lösung der Gleichungen 2. und 3. Grades.

A. Parallelkoordinaten.

1. In Fig. 4 (Seite 115) seien a und b parallele Gerade, A und B beliebige Punkte auf ihnen; auf jeder dieser Geraden sei die $+$ und $-$Richtung festgelegt und für beide ein und dieselbe Einheit zum Streckenmessen angenommen.

2. Jede beliebige Gerade g der Ebene (gerade Linien, welche zu a und b parallel sind, schließen wir hier aus) schneidet auf a und b Strecken p resp. q ab (Fig. 4); umgekehrt ist durch die Strecken (Zahlen) p und q die Gerade g eindeutig bestimmt. Man kann p und q als Koordinaten von g betrachten, man nennt sie Parallelkoordinaten von g; a und b heißen Koordinatenachsen, A und B die Koordinatenanfangspunkte.

Aufgaben: Nimm ein Parallelkoordinatensystem an, dabei A und B so, daß die Gerade AB senkrecht zu a ist, und zeichne in diesem Koordinatensysteme die Geraden $g_1 (p = 0, q = 5)$, $g_2 (0, -5)$, $g_3 (2, 0)$, $g_3 (3, -3)$, $g_4 (-4, 4)$.

3. Es sei nicht p und q, sondern nur eine Beziehung zwischen ihnen gegeben, z. B. durch die Gleichung $p + q = 0$ (1).

Alle unendlich vielen Geraden, deren Parallelkoordinaten der Gleichung (1) genügen, gehen durch den Mittelpunkt M der Strecke AB (Fig. 4).

Es seien, um ein zweites Beispiel zu geben, die Koordinaten einer Geraden durch die Gleichung $2p + q = 0$ (2) miteinander verbunden; alle Geraden, deren Parallelkoordinaten der Gleichung (2) entsprechen, gehen durch jenen Punkt N der Strecke AB (Fig. 5), für welchen die Proportion gilt: $AN : NB = 1 : 2$.

4. Es sei nun die Gleichung $4 + 2p + q = 0$ (3) gegeben; konstruiert man gerade Linien, deren Parallelkoordinaten in unserem Systeme der Gleichung (3) genügen, so schneiden sich auch diese unendlich vielen Geraden in einem Punkte P.

Beweis: Man schreibe Gleichung (3) in der Form $2p + (q + 4) = 0$ (4), setze $q + 4 = q'$, und betrachte p und q' als Parallelkoordinaten in einem neuen Systeme, mit a und b als Achsen, dagegen A und B' als Anfangspunkten (siehe Fig. 5); man erkennt, daß alle Geraden, deren Parallelkoordinaten der Gleichung (4) [und damit auch der Gleichung (3)] entsprechen, durch ein und denselben Punkt P gehen.

5. Allgemein gilt: Sind die Parallelkoordinaten p und q einer Geraden durch die Gleichung $n + mp + q = 0$ (5) miteinander verbunden (wobei m und n gegebene Zahlen sind), so schneiden sich die zugehörigen Geraden sämtlich in ein und demselben Punkte Q; man nennt Gleichung (5) die Gleichung des Punktes Q und Q den zur Gleichung gehörigen Punkt.

Aufgaben: Welche Gleichung hat der Mittelpunkt M von AB, welche irgend ein Punkt von AB?

Gegeben die Gleichungen $4+2p+q=0$, $4-2p+q=0$. Konstruiere die zugehörigen Punkte in einem Parallelkoordinatensysteme (man setze erst $p = 0$, dann $q = 0$ usw.).

B. Erklärung des Gebrauches der Tafel auf Seite 117.

1. Wir gehen von der Gleichung $x^2 + px + q = 0$ (6) aus und stellen zunächst folgende Frage:

Wie müssen p und q beschaffen sein, damit eine Wurzel von (6) z. B. gleich 2 wird? Die Antwort lautet: p und q müssen der Gleichung $2^2 + 2p + q = 0$ (7) genügen, einer Gleichung, welche aus (6) erhalten wird, indem man für x die Zahl 2 einsetzt.

2. Nun betrachten wir p und q von Gleichung (7) als Koordinaten einer Geraden in dem Parallelkoordinatensysteme der Fig. 8, konstruieren nach A, 5 (Seite 124) den zugehörigen Punkt und schreiben zu ihm die Zahl 2.

Jede Gerade, welche durch 2 geht, schneidet auf den Koordinatenachsen Strecken p und q ab, die, als Koeffizienten der Gleichung (6) genommen, bewirken, daß eine Wurzel von (6) gleich 2 ist.

3. Nun setze man in Gleichung (6) für x der Reihe nach die Zahlen $3, 4, 5 \ldots, 1, 0, -1, -2 \ldots$, konstruiere nach A, 5 die dazugehörigen Punkte, und schreibe zu ihnen die Zahl 3 resp. 4 usw. Alle so erhaltenen Punkte erfüllen eine Kurve (Hyperbel) S^2, die auf Seite 117 sorgfältig gezeichnet vorliegt.

4. Verbindet man nun die Punkte 2 und 6 von S^2 miteinander durch eine Gerade g, so liefern die Parallelkoordinaten von g in (6) eingesetzt eine Gleichung, deren eine Wurzel 2 und deren andere Wurzel 6 ist.

5. Daraus ersieht man die Verwendung der Tafel auf Seite 117 zur Lösung der quadratischen Gleichung $x^2 + px + q = 0$ (6): Man suche auf a den Punkt mit der Zahl p, auf b den mit der Zahl q auf, ihre Verbindungslinie schneidet S^2 in zwei Punkten, bei welchen schon die Wurzeln der Gleichung (6) stehen.

6. Zur Auflösung der Gleichung $x^3 + px + q = 0$ (8) kann man in analoger Weise vorgehen; man erhält aber eine andere Kurve (krumme Skala) S^3, welche auch auf Seite 117 gezeichnet vorliegt. Mit ihr gelingt die Lösung der Gleichung (8) in der einfachsten Weise.

Die Verbindungslinie von p und q braucht dabei nicht ausgezogen zu werden, es empfiehlt sich, eine durchsichtige Platte zu benutzen, auf deren einer Seite eine gerade Linie scharf eingezeichnet ist.

Zur rechnerischen Auflösung dieser Gleichungen dienen die folgenden Formeln, die für logarithmisches Rechnen geeignet sind. Sowohl bei der quadratischen, als der kubischen Gleichung sind drei Fälle zu unterscheiden.

Quadratische Gleichungen ($p \gtreqless 0$, $q > 0$).

1. $x^2 + px + q = 0$ und $p^2 > 4q$:

$$x_1 = -p \sin^2 \frac{\varphi}{2} = -\sqrt{q} \operatorname{tg} \frac{\varphi}{2},$$

$$x_2 = -p \cos^2 \frac{\varphi}{2} = -\sqrt{q} \cot \frac{\varphi}{2},$$

wo $\sin \varphi = \dfrac{2\sqrt{q}}{p}$ ist.

2. $x^2 + px + q = 0$ und $p^2 < 4q$:

$$x_{1,2} = -\sqrt{q}\,(\cos \varphi \pm i \sin \varphi),$$

wo $\cos \varphi = \dfrac{p}{2\sqrt{q}}$ ist.

3. $x^2 = px - q = 0$:

$$x_1 = \sqrt{q} \operatorname{tg} \frac{\varphi}{2},$$

$$x_2 = -\sqrt{q} \cot \frac{\varphi}{2},$$

wo $\operatorname{tg} \varphi = \dfrac{2\sqrt{q}}{p}$ ist.

Kubische Gleichungen ($p > 0$, $q \gtreqless 0$).

1. $x^3 + px + q = 0$:

$$x_1 = -2\sqrt{\frac{p}{3}}\cot 2\psi,$$

$$x_{2\cdot 3} = \sqrt{\frac{p}{3}}\left(\cot 2\psi \pm i\sqrt{3}\cdot\frac{1}{\sin 2\psi}\right),$$

wo $\operatorname{tg}\varphi = \frac{2}{q}\sqrt{\left(\frac{p}{3}\right)^3}$,

$\operatorname{tg}\psi = \sqrt[3]{\operatorname{tg}\frac{\varphi}{2}}$ ist.

2. $x^3 - px + q = 0$ und $q^2 > \frac{4p^3}{27}$:

$$x_1 = -2\sqrt{\frac{p}{3}}\frac{1}{\sin 2\psi},$$

$$x_{2\cdot 3} = \sqrt{\frac{p}{3}}\left(\frac{1}{\sin 2\psi} \pm i\sqrt{3}\cot 2\psi\right),$$

wo $\sin\varphi = \frac{2}{q}\sqrt{\left(\frac{p}{3}\right)^3}$.

$\operatorname{tg}\psi = \sqrt[3]{\operatorname{tg}\frac{\varphi}{2}}$ ist.

3. $x^3 - px + q = 0$ und $q^2 < \frac{4p^3}{27}$:

$$x_1 = -2\sqrt{\frac{p}{3}}\cos\frac{\varphi}{3},$$

$$x_{2\cdot 3} = 2\sqrt{\frac{p}{3}}\cos\left(60^0 \pm \frac{\varphi}{3}\right),$$

wo $\cos\varphi = \frac{q}{2}\sqrt{\left(\frac{3}{p}\right)^3}$ ist.

n-Differenzen D von 1 bis 44.

D.	1	2	3	4	5	6	7	8	9
23	2,3	4,6	6,9	9,2	11,5	13,8	16,1	18,4	20,7
24	2,4	4,8	7,2	9,6	12,0	14,4	16,8	19,2	21,6
25	2,5	5,0	7,5	10,0	12,5	15,0	17,5	20,0	22,5
26	2,6	5,2	7,8	10,4	13,0	15,6	18,2	20,8	23,4
27	2,7	5,4	8,1	10,8	13,5	16,2	18,9	21,6	24,3
28	2,8	5,6	8,4	11,2	14,0	16,8	19,6	22,4	25,2
29	2,9	5,8	8,7	11,6	14,5	17,4	20,3	23,2	26,1
30	3,0	6,0	9,0	12,0	15,0	18,0	21,0	24,0	27,0
31	3,1	6,2	9,3	12,4	15,5	18,6	21,7	24,8	27,9
32	3,2	6,4	9,6	12,8	16,0	19,2	22,4	25,6	28,8
33	3,3	6,6	9,9	13,2	16,5	19,8	23,1	26,4	29,7
34	3,4	6,8	10,2	13,6	17,0	20,4	23,8	27,2	30,6
35	3,5	7,0	10,5	14,0	17,5	21,0	24,5	28,0	31,5
36	3,6	7,2	10,8	14,4	18,0	21,6	25,2	28,8	32,4
37	3,7	7,4	11,1	14,8	18,5	22,2	25,9	29,6	33,3
38	3,8	7,6	11,4	15,2	19,0	22,8	26,6	30,4	34,2
39	3,9	7,8	11,7	15,6	19,5	23,4	27,3	31,2	35,1
40	4,0	8,0	12,0	16,0	20,0	24,0	28,0	32,0	36,0
41	4,1	8,2	12,3	16,4	20,5	24,6	28,7	32,8	36,9
42	4,2	8,4	12,6	16,8	21,0	25,2	29,4	33,6	37,8
43	4,3	8,6	12,9	17,2	21,5	25,8	30,1	34,4	38,7
44	4,4	8,8	13,2	17,6	22,0	26,4	30,8	35,2	39,6
D.	1	2	3	4	5	6	7	8	9

Proportionalteile für die Ma

D.	1	2	3	4	5	6	7	8	9
1	0,1	0,2	0,3	0,4	0,5	0,6	0,7	0,8	0,
2	0,2	0,4	0,6	0,8	1,0	1,2	1,4	1,6	1,
3	0,3	0,6	0,9	1,2	1,5	1,8	2,1	2,4	2,
4	0,4	0,8	1,2	1,6	2,0	2,4	2,8	3,2	3,
5	0,5	1,0	1,5	2,0	2,5	3,0	3,5	4,0	4,
6	0,6	1,2	1,8	2,4	3,0	3,6	4,2	4,8	5,
7	0,7	1,4	2,1	2,8	3,5	4,2	4,9	5,6	6,
8	0,8	1,6	2,4	3,2	4,0	4,8	5,6	6,4	7,
9	0,9	1,8	2,7	3,6	4,5	5,4	6,3	7,2	8,
10	1,0	2,0	3,0	4,0	5,0	6,0	7,0	8,0	9,
11	1,1	2,2	3,3	4,4	5,5	6,6	7,7	8,8	9,
12	1,2	2,4	3,6	4,8	6,0	7,2	8,4	9,6	10,8
13	1,3	2,6	3,9	5,2	6,5	7,8	9,1	10,4	11,
14	1,4	2,8	4,2	5,6	7,0	8,4	9,8	11,2	12,
15	1,5	3,0	4,5	6,0	7,5	9,0	10,5	12,0	13,
16	1,6	3,2	4,8	6,4	8,0	9,6	11,2	12,8	14,4
17	1,7	3,4	5,1	6,8	8,5	10,2	11,9	13,6	15,
18	1,8	3,6	5,4	7,2	9,0	10,8	12,6	14,4	16,
19	1,9	3,8	5,7	7,6	9,5	11,4	13,3	15,2	17,
20	2,0	4,0	6,0	8,0	10,0	12,0	14,0	16,0	18,
21	2,1	4,2	6,3	8,4	10,5	12,6	14,7	16,8	18,
22	2,2	4,4	6,6	8,8	11,0	13,2	15,4	17,6	19,8
D.	1	2	3	4	5	6	7	8	9